"十四五"国家重点出版物出版规划项目
青少年科学素养提升出版工程

中国青少年科学教育丛书

总主编 郭传杰 周德进

神奇的化学反应

郑青岳 主编   许海卫 郭君瑞 编著

浙江教育出版社·杭州

图书在版编目（ＣＩＰ）数据

神奇的化学反应 / 郑青岳主编；许海卫，郭君瑞编
著. -- 杭州：浙江教育出版社，2022.10（2023.12 重印）
（中国青少年科学教育丛书）
ISBN 978-7-5722-3228-2

Ⅰ．①神… Ⅱ．①郑… ②许… ③郭… Ⅲ．①化学反
应－青少年读物 Ⅳ．①O643.19-49

中国版本图书馆CIP数据核字(2022)第044002号

中国青少年科学教育丛书
神奇的化学反应
ZHONGGUO QINGSHAONIAN KEXUE JIAOYU CONGSHU
SHENQI DE HUAXUE FANYING

郑青岳 主编　　许海卫　郭君瑞　编著

策　　划	周　俊	**责任校对**	余晓克
责任编辑	刘晋苏　傅美贤	**营销编辑**	滕建红
责任印务	曹雨辰	**美术编辑**	韩　波
封面设计	刘亦璇		

出版发行　浙江教育出版社（杭州市天目山路40号 邮编：310013）
图文制作　杭州兴邦电子印务有限公司
印　　刷　杭州富春印务有限公司
开　　本　710mm×1000mm　　1/16
印　　张　14
字　　数　280 000
版　　次　2022年10月第1版
印　　次　2023年12月第2次印刷
标准书号　ISBN 978-7-5722-3228-2
定　　价　48.00元

如发现印、装质量问题，请与我社市场营销部联系调换。联系电话：0571-88909719

总序

　　高度重视科学教育，已成为当今社会发展的一大时代特征。对于把建成世界科技强国确定为 21 世纪中叶伟大目标的我国来说，大力加强科学教育，更是必然选择。

　　科学教育本身即是时代的产物。早在 19 世纪中叶，自然科学较完整的学科体系刚刚建立，科学刚刚度过摇篮时期，英国著名博物学家、教育家赫胥黎就写过一本著作《科学与教育》。与其同时代的哲学家斯宾塞也论述过科学教育的重要价值，他认为科学学习过程能够促进孩子的个人认知水平发展，提升其记忆力、理解力和综合分析能力。

　　严格来说，科学教育如何定义，并无统一说法。我认为科学教育的本质并不等同于社会上常说的学科教育、科技教育、科普教育，不等同于科学与教育，也不是以培养科学家为目的的教育。究其内涵，科学教育一般包括四个递进的层面：科学的技能、知识、方法论及价值观。但是，这四个层面并非同等重要，方法论是科学教育的核心要素，科学的价值观是科学教育期望达到的最高层面，而知识和技能在科学教育中主要起到传播载体的功用，并非主要目的。科学教育的主要目的是提高未来公民的科学素养，而不仅仅是让他们成为某种技能人才或科学家。这类似于基础教育阶段的语文、体育课程，其目的是提升孩子的人文素养、体能素养，而不是期望学生未来都成为作家、专业运动员。对科学教育特质的认知和理解，在很大程度上决定着科学教育的方法和质量。

科学教育是国家未来科技竞争力的根基。当今时代，经历了五次科技革命之后，科学技术对人类的影响无处不在、空前深刻，科学的发展对教育的影响也越来越大。以色列历史学家赫拉利在《人类简史》里写道：在人类的历史上，我们从来没有经历过今天这样的窘境——我们不清楚如今应该教给孩子什么知识，能帮助他们在二三十年后应对那时候的生活和工作。我们唯一可以做的事情，就是教会他们如何学习，如何创造新的知识。

在科学教育方面，美国在 20 世纪 50 年代就开始了布局。世纪之交以来，为应对科技革命的重大挑战，西方国家纷纷出台国家长期规划，采取自上而下的政策措施直接干预科学教育，推动科学教育改革。德国、英国、西班牙等近 20 个西方国家，分别制定了促进本国科学教育发展的战略和计划，其中英国通过《1988年教育改革法》，明确将科学、数学、英语并列为三大核心学科。

处在伟大复兴关键时期的中华民族，恰逢世界处于百年未有之大变局，全球化发展的大势正在遭受严重的干扰和破坏。我们必须用自己的原创，去实现从跟跑到并跑、领跑的历史性转变。要原创就得有敢于并善于原创的人才，当下我们在这方面与西方国家仍然有一段差距。有数据显示，我国高中生对所有科学科目的感兴趣程度都低于小学生和初中生，其中较小学生下降了9.1%；在具体的科目上，尤以物理学科为甚，下降达18.7%。2015年，国际学生评估项目（PISA）测试数据显示，我国15岁学生期望从事理工科相关职业的比例为16.8%，排全球第68位，科研意愿显著低于经济合作与发展组织（OECD）国家平均水平的24.5%，更低于美国的38.0%。若未来没有大批科技创新型人才，何谈到本世纪中叶建成世界科技强国！

从这个角度讲，加强青少年科学教育，就是对未来的最好投资。小学是科学兴趣、好奇心最浓厚的阶段，中学是高阶思维培养的黄金时期。中小学是学生个体创新素质养成的决定性阶段。要想30年后我国科技创新的大树枝繁叶茂，就必须扎扎实实地培育好当下的创新幼苗，做好基础教育阶段的科学教育工作。

发展科学教育，教育主管部门和学校应当负有责任，但不是全责。科学教育是有跨界特征的新事业，只靠教育家或科学家都做不好这件事。要把科学教育真正做起来并做好，必须依靠全社会的参与和体系化的布局，从战略规划、教育政策、资源配置、评价规范，到师资队伍、课程教材、基地建设等，形成完整的教育链，像打造共享经济那样，动员社会相关力量参与科学教育，跨界支援、协同合作。

正是秉持上述理念和态度，浙江教育出版社联手中国科学院科学传播局，组织国内科学家、科普作家以及重点中学的优秀教师团队，共同实施"青少年科学素养提升出版工程"。由科学家负责把握作品的科学性，中学教师负责把握作品同教学的相关性。作者团队在完成每部作品初稿后，均先在试点学校交由学生试读，再根据学生反馈，进一步修改、完善相关内容。

"青少年科学素养提升出版工程"以中小学生为读者对象，内容难度适中，拓展适度，满足学校课堂教学和学生课外阅读的双重需求，是介于中小学学科教材与科普读物之间的原创性科学教育读物。本出版工程基于大科学观编写，涵盖物理、化学、生物、地理、天文、数学、工程技术、科学史等领域，将科学方法、科学思想和科学精神融会于基础科学知识之中，旨在为青少年打开科学之窗，帮助青少年开阔知识视野，洞察科学内核，提升科学素养。

"青少年科学素养提升出版工程"由"中国青少年科学教育丛书"和"中国青少年科学探索丛书"构成。前者以小学生及初中生为主要读者群，兼及高中生，与教材的相关性比较高；后者以高中生为主要读者群，兼及初中生，内容强调探索性，更注重对学生科学探索精神的培养。

"青少年科学素养提升出版工程"的设计，可谓理念甚佳、用心良苦。但是，由于本出版工程具有一定的探索性质，且涉及跨界作者众多，因此实际质量与效果如何，还得由读者评判。衷心期待广大读者不吝指正，以期日臻完善。是为序。

2022 年 3 月

目录

第4章　碳的氧化物

第 1 章

化学反应的本质

　　金秋时节，天高云淡，层林尽染（如图 1-1），田野里翻滚着金色的稻浪，秋风送来桂花的清香。当你陶醉在这绚丽的景色之中的时候，好奇的你可曾用化学的视角审视过这美丽的大自然？

图 1-1　秋天，美丽的大自然蕴含着丰富的化学反应

无处不在的化学反应

　　化学反应无处不在，我们的衣食住行、工农业生产、国防科技都与化学反应息息相关。通常我们可以通过观察一些现象的变化来判断是否发生了化学反应。

　　森林中的树木、花草等植物利用光合作用，将二氧化碳和水转化为有机物和氧气，为我们提供了优美的生存栖息环境。随着季节的更迭，一些树的叶子由绿变黄或变红了（如图 1-2），这是什么原因引起的呢？

图 1-2　秋天，枫叶变红了

　　原来，树叶的颜色与叶子中的色素有关。在植物的叶片中，通常都含有绿色的叶绿素、橙黄色的类胡萝卜素，以及花青素等。花青素存在于植物细胞的液泡中，可由叶绿素转化而来，随环境的酸碱性而变化，酸性时显红色，碱性时显蓝色。春夏季时，植物生长需要大量的叶绿素进行光合作用，因此，叶片中叶绿素含量高。叶绿素吸收了绿光的补色光——红光和蓝紫光，将绿光反射出来，所以看上去是绿色的。

　　到了秋天，气温下降，日照时间变短，昼夜温差变大，叶片中的叶绿素逐渐减少，花青素迅速增加。随着叶子中各色素的比例发生改变，叶子渐渐地变色，如枫叶就变成鲜艳的红色。可见，绿叶变色是化学反应的一种现象。

空气是人类赖以生存的最基本条件之一，空气品质的好坏，直接关系到人的身体健康。例如，氧气在空气中的体积含量约为21％，当氧气含量降到16％时，人就会感到呼吸困难，出现缺氧症；降到

图1-3　水下巡航的核潜艇

10％时，人会神志恍惚；降到6％时，人会休克甚至死亡。核潜艇可在水下持续巡航达90天以上（如图1-3），为了将核潜艇里的空气污染降到最低，使工作人员在核潜艇里获得满足人体需要的氧气量，核潜艇中专门设有空气监测分析系统、空气再生系统、空气净化系统和通风换气系统等。其中，空气监测分析系统、空气再生系统、空气净化系统的运作都要涉及化学反应。

在各种核潜艇中均装有氧气制造装置，按生存所需的最佳比例不断补充氧气，以确保核潜艇舱室中氧气的浓度保持在19％和21％之间。

核潜艇有充足的电能供应，担负生产氧气任务的主要装置是电解水制氧装置，其基本原理是通入直流电把水（H_2O）分解为氢气（H_2）和氧气（O_2），化学方程式为：

$$2H_2O \xrightarrow{\text{通电}} 2H_2 \uparrow + O_2 \uparrow$$

生成的氧气通过通风换气系统输送到舱室的每个角落，供给工作人员呼吸，而氢气则被储存在氢气罐里，由人们择机运到核

潜艇外。由于电解水制氧装置需消
耗大量的电能，所以常规潜艇一般
不采用这种制氧方法。在核潜艇上
还备有补充或应急制氧设施，如氧
气再生药板、氧烛（如图 1-4）和
高压氧气瓶等。氧气再生药板是由
一片片涂有过氧化钠的薄板组成。
每箱药板产生的氧气大约可供 40

图 1-4　氧烛

人使用 1.5 小时，使用时产生化学反应，吸收二氧化碳和水蒸气，
释放出氧气。涉及的化学方程式为：

$$2Na_2O_2 + 2CO_2 \xlongequal{\quad} 2Na_2CO_3 + O_2 \uparrow$$

$$2Na_2O_2 + 2H_2O \xlongequal{\quad} 4NaOH + O_2 \uparrow$$

　　核潜艇中配备的氧烛是一种可在缺氧环境中用于自救的化学
氧源（其原理是催化分解氯酸钠，氧烛的主要成分为 $NaClO_3$，另
有适当的催化剂和成型剂等）。氧烛由撞击火帽点燃后即能持续燃
烧并放出高纯氧气，放氧速度快而总放热量很小。一根氧烛燃烧
产生的氧气大约可以供 100 个人呼吸 1 小时，美国早期弹道导弹
核潜艇标配量为 200 根，英国核潜艇每个舱室为 2 根。

　　2016 年 6 月 25 日，在海南文昌，"长征七号"运载火箭喷射
着耀眼的烈焰，拔地而起，直冲云霄。"长征七号"是中国新一代
中型运载火箭，是我国载人航天工程为发射货运飞船而研制的。
"长征七号"用无毒无污染的煤油作为燃料，并将液氧作为助燃剂。
燃烧的化学方程式为：

$$C_xH_y + \left(x + \frac{y}{4}\right)O_2 \xrightarrow{\text{点燃}} xCO_2 + \frac{y}{2}H_2O$$

煤油在纯氧中燃烧迅猛彻底，燃烧产物为二氧化碳和水，反应转化率高，产生的推动力也比常规推进剂更强劲。而常规发动机推进剂的成分为四氧化二氮（N_2O_4）和偏二甲肼（$C_2H_8N_2$）。煤油在理想情况下发生燃烧的化学方程式为：

$$C_2H_8N_2 + 2N_2O_4 \xrightarrow{\text{点燃}} 2CO_2 + 3N_2 + 4H_2O$$

但实际燃烧过程中会产生氮氧化物、一氧化碳等物质污染环境。相比之下，液氧煤油推进剂不但绿色环保，而且比常规发动机推进剂成本便宜 60%，这能降低火箭制作成本。

液氧煤油发动机是运载火箭的"心脏"。它的成功研制标志着我国成为继俄罗斯之后第二个完全掌握液氧煤油高压补燃循环液体火箭发动机核心技术的国家。液氧煤油发动机是通过燃烧反应将化学能转化为热能，最终转化为动能的经典案例。

化学反应不仅伴随着颜色变化、气体产生、光与热的发出，有些反应还出现颜色各异的沉淀。化学反应的用途非常多，例如沉淀反应可用于物质的分离或检验。而在医学上有一种检测叫免疫沉淀反应。免疫沉淀反应主要利用抗体能够特异性识别抗原的特点收集抗原，并对其进行生化特性分析。

抗原是指能够刺激机体产生（特异性）免疫效应的物质；抗体则是被免疫系统用来鉴别与中和细菌、病毒等外来物质的蛋白质，两者犹如银离子和氯离子，在溶液中会发生特异性结合（如图 1-5）。由于检测简便、快捷，免疫沉淀技术被应用于鉴定生物样本中蛋白质组分、鉴定菌型、诊断疾病等。

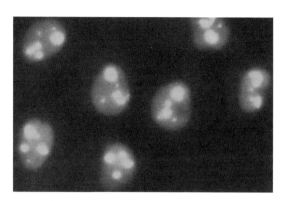

图 1-5　标记有荧光素的抗体与抗原反应生成的可见沉淀物

化学反应的微观解释

物质发生化学反应的过程是新物质产生的过程。在化学反应过程中，物质的原子是保持不变的，是参与化学反应的最小粒子。那么，原子是如何构成物质的？物质又是如何转化的呢？

我们知道，原子是由带正电荷的原子核和核外高速运转的带负电荷的电子构成的。核外运转的电子带有的能量不同，其离原子核的距离远近也就有所不同。我们最需要关注的是离原子核最远的那些电子，因为它们决定着原子的主要化学性质，我们称之为最外层电子。例如，氢原子的最外层电子数为 1，氧原子的最外层电子数为 6，氯原子的最外层电子数为 7，等等。当原子最外层电子为 8 个（若电子只有一层，则为 2 个）时，原子是稳定的，如稀有气体原子很稳定，除氦原子最外层电子为 2 个外，其他原子最外层电子均为 8 个。

通常来说，原子发生化学反应后，各个原子会变得更加稳定。化学反应后原子最外层电子的变化无外乎以下两种：一种是原子的最外层电子增加到 8 个（或者 2 个，比如氢原子），另一种是原子失去最外层电子。为了达到上述目标，在化学变化中，原子是以如下两种方式实现稳定结构的。

第一种是通过原子间得失电子形成阴、阳离子的方式。我们以钠原子与氯原子反应生成氯化钠（NaCl）为例。钠原子有 1 个最外层电子，氯原子有 7 个最外层电子。当钠原子把这个最外层电子转移给氯原子后，两个原子都变成了最外层是 8 个电子的稳定的离子——钠原子成为阳离子（Na^+），氯原子成为阴离子（Cl^-），两者相互作用结合在一起（如图 1-6）。

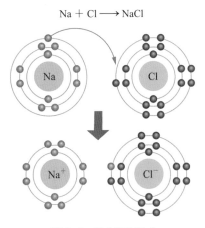

Na + Cl ⟶ NaCl

图 1-6　氯化钠的形成

由于阴离子（Cl^-）与阳离子（Na^+）电性相反，相互吸引，而原子核与原子核相互排斥，电子与电子相互排斥，在这种排斥力和吸引力的作用下，钠离子和氯离子结合形成氯化钠。我们把阴、阳离子之间强烈的相互作用就叫作离子键，这种通过离子键形成的化合物就叫作离子化合物。

第二种是以原子间形成共用电子对的方式。我们以氢原子与氯原子反应生成氯化氢（HCl）为例。氢原子有 1 个最外层电子，氯原子有 7 个最外层电子。可氢原子和氯原子都无法把自己的最外层电子转移给对方，于是两个原子采用"合作"的方式——双方都拿出一个电子来共享，使两个原子最外层都达到稳定结构，结合在一起（如图 1-7）。

图 1-7　氯化氢的形成

我们把这种原子之间通过共用电子对所形成的相互作用叫作共价键，由共价键形成的化合物就叫作共价化合物。

通过对物质构成的了解，我们不难理解，化学反应的过程从微观层面看可以有两种解释。一种是，化学反应就是构成物质的原子的重新组合；另一种是，化学反应就是改变旧物质原有原子间的结合力，通过新的结合力将原子组合成新物质。

化学反应中的质量守恒

化学反应产生了新的物质，那么反应前后，物质的质量是否会发生变化呢？这个问题曾经一直困扰着人们。早在 2400 多年前，古希腊哲学家德谟克利特（如图 1-8）就提出"物质不灭"的观点。他认为"无中不能生有，任何存在的东西都不会毁灭"。中国明末清初的思想家王夫之也认为，世界上的物质是"生非创有，死非消灭""聚散变化，而其本体不为之损益"。不过，他们的观点都是猜想，没有事实依据，得不到大家的普遍认可。

图 1-8　德谟克利特

300 多年前，人们通过对燃烧现象的观察，发现许多物质燃尽后，只剩下较轻的灰烬，认为是物质在燃烧时将某种易燃的元素释放出去了。他们凭借有限的知识和经验，用"燃素说"加以解释。

在"燃素说"中，火是由无数细小而活泼的微粒构成的。这种微粒既能同其他元素结合而形成化合物，又能独立存在。由这种微粒构成的火的元素就是燃素。物质在加热时，燃素不能自动分解出来，需要有新鲜的空气才能将燃素吸取出来。物体所含燃素越多，燃烧起来就越旺。金属被腐蚀就是因为它含有的燃素被夺走了。至于金属等物质被氧化后质量增重，是因为燃素与地心引力是相排斥的，具有负重量（即所谓"轻量"）。

随着化学实践知识的积累，越来越多的化学家发现"燃素说"存在两个致命的弱点：一是，燃素既然是物质的构成微粒，应该服从物理规律和化学定律，具有一定的质量，能够被分离出来，但是在"燃素说"提出后经过一百来年的实验找寻都没有得到；二是，"燃素说"在解释物质燃烧导致的质量变化现象时其逻辑是自相矛盾的。直到氧气被发现，科学家才用大量的实验事实推翻了"燃素说"，建立了新的燃烧学说。

18 世纪，天平渐渐被引入化学实验中，成为许多化学家进行研究的重要工具。首先将天平用于研究物质变化前后质量关系的是英国化学家布莱克（如图1-9）。他发现石灰石煅烧后会产生二氧化碳，并利用天平计算出了反应中所生成的二氧化碳的量。可惜的是，他没有进一步研究揭示反应的本质规律。

图 1-9　布莱克

俄国化学家罗蒙诺索夫（如图 1-10）受布莱克的启发，用定量的方法研究化学。1756 年，他把锡放在密闭的容器里煅烧，观察到锡发生变化且生成了白色物质，称量结果发现，容器和容器里物质的总质量在煅烧前后没有发生变化。他打开容器，称量所得的生成物，发现生成物的质量相比反应物变大了。他把

图 1-10　罗蒙诺索夫

生成物放回到容器中，重新称量它们的总质量，结果让他非常意外：总质量比没打开前增加了！他经过反复的实验，都得到同样的结果。他凭借敏锐的观察力和严谨的科学态度，深入分析得出：如果没有外界空气的进入，容器的质量又没有改变的话，金属锡增加的质量就应等于容器内空气减少的质量。于是，他认为在化学反应中物质的总质量是守恒的。

遗憾的是，当时俄国的科学还很落后，西欧对俄国科学家的研究成果也很不重视，罗蒙诺索夫的见解没能对当时科学的进步产生重大的影响。直到 1777 年，法国科学家拉瓦锡（如图 1-11）用金属汞做了类似的实验，也得到同样的结论，这一定律才引起人们的注意。

图 1-11　拉瓦锡

拉瓦锡和罗蒙诺索夫一样，特别重视天平在化学实验中的使用，他还将"精确定量"概念引入化学实验。通过大量的实验研究，1789 年，他明确指出："无论是人工的还是自然的作用，都没有创造出什么东西。物质在化学反应前的总质量等于反应后的总质量，这可以算是一个公理。"

质量守恒定律和化学方程式的建立，使化学定量化、计量化，成为精密的科学。质量守恒定律还为哲学上的物质不灭原理提供了坚实的自然科学基础。拉瓦锡由于其在化学上的重要贡献，被人们誉为"近代化学之父"。

当然，要完全证明或否定质量守恒定律，都需要极精确的实验结果。依靠拉瓦锡所处时代的工具和技术，其观察不到小于0.2％的质量变化，后者有待于继续改进实验技术以求解决。德国化学家朗道耳特和英国化学家曼莱先后在 1908 年和 1912 年得到了精确度更高的实验结果，他们所用的容器和反应物总质量为 1000 克，反应前后质量之差小于 0.0001 克，质量的变化小于一千万分之一。这个数字在实验误差允许范围之内，科学家们才承认了这一定律。这件事情体现了科学家们非常严谨的态度。

质量守恒定律可以用化学反应的微观本质加以解释：因为化学反应本质是原子的重新排列和组合，原子的种类和各种原子的数量没有改变，所以，反应前后物质的总质量保持不变（如图1-12）。

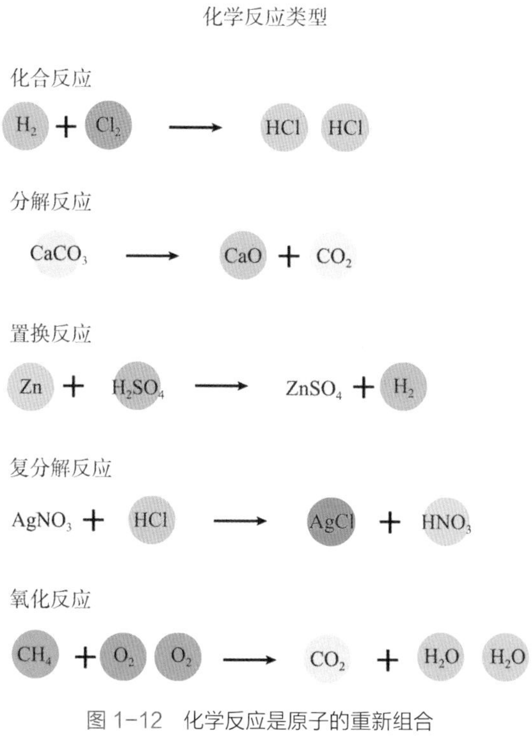

化学反应类型

化合反应

H_2 + Cl_2 ⟶ HCl HCl

分解反应

$CaCO_3$ ⟶ CaO + CO_2

置换反应

Zn + H_2SO_4 ⟶ $ZnSO_4$ + H_2

复分解反应

$AgNO_3$ + HCl ⟶ AgCl + HNO_3

氧化反应

CH_4 + O_2 O_2 ⟶ CO_2 + H_2O H_2O

图 1-12　化学反应是原子的重新组合

思考 ?

　　根据质量守恒定律，地球上的碳总量是恒定的，那么为什么还要倡导低碳生活以减少温室效应呢？

化学反应中的能量转化

　　化学反应是打破原物质结构，使其形成新物质的过程。物质内部的结合力发生了变化，必然伴随能量的转化。化学能可以转化为热能、光能、声能、电能和动能等各种形式，但总能量是守恒的。

　　保暖贴（如图 1-13）薄如纸、轻如棉，柔软而富有弹性。使用时，只要撕开外袋，取出内袋，无需揉搓，剥离后面的衬纸，然后贴在内衣外层即可。保暖贴中的原料层可以在空气中氧气的作用下持续反应并释放热量，温度保持 40℃以上达 12 ～ 15 小时。

图 1-13　保暖贴

在冬季，它可以为人体提供温暖保障，还能快速缓解各种畏寒症状以及部分疾病引起的疼痛。你能分析它发热的原理吗？

我们知道，一支笔拿在手上，如果不小心滑脱，笔会掉在地上，这是因为拿在手上的笔含有的势能大，掉到地上时势能小，所以笔在低处会更稳定些。化学反应也是一样的。在一定条件下，将两种反应物混合，它们会有通过反应生成更稳定物质的趋势。

物质的构成有四种可能的方式：第一种是像氯化氢（HCl）一样，由原子通过共用电子结合的方式先构成分子，进而组成物质，如氧气（O_2）、二氧化碳（CO_2）、水（H_2O）等；第二种是由原子通过共用电子结合直接构成物质，如金刚石（C）、水晶（SiO_2）、金刚砂（SiC）等；第三种是像氯化钠（NaCl）一样，通过阴、阳离子间强烈相互作用的结合方式构成物质，如氧化钙（CaO）、碳酸钠（Na_2CO_3）、氢氧化钾（KOH）等；第四种好比把氯化钠中的氯离子缩小到只带一个单位负电荷的电子，通过金属阳离子和电子相互作用这种结合方式形成一类物质，即金属单质，如铁（Fe）、铜（Cu）、铝（Al）等（如图 1-14）。不管是哪一类物质，当发生化学反应时，原来的物质会发生拆解，然后重新结合生成新物质。物质拆解时需克服原有的结合力，这就需要吸收能量；

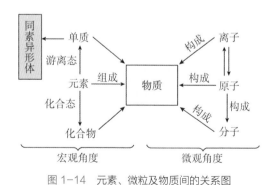

图 1-14　元素、微粒及物质间的关系图

而拆解后的元素重新结合生成新物质时，就会放出能量。克服原子（或离子）间原有的结合力时吸收的能量大于结合成稳定的新物质时放出的能量，就表现为反应吸热。克服原子（或离子）间原有的结合力时吸收的能量小于结合成稳定的新物质时放出的能量，就表现为反应放热。反应前后的总能量是守恒的。

保暖贴由原料层、明胶层和无纺布袋组成。无纺布袋是采用微孔透气膜制作的。它的外面还套着一个不透气的外袋——明胶层。在使用时，去掉外袋，让无纺布袋（内袋）暴露在空气中，空气中的氧气通过无纺布袋进入原料层，与原料发生氧化还原反应，放出热量。放热的时间和温度与内袋的透氧速率相关。氧气多，反应速度快，原料消耗快，单位时间产生的热量也高。因此，如果透氧速率太大，热量很快释放完，就有可能烫伤皮肤；如果透氧速率太小，发热的感觉就会不明显。

原料层装着铁粉、碳粉、盐溶液和高分子材料。它利用了铁在一定条件下通过以下三个反应将化学能转变为热能的原理。

$$2Fe + O_2 + 2H_2O \Longrightarrow 2Fe(OH)_2$$
$$4Fe(OH)_2 + 2H_2O + O_2 \Longrightarrow 4Fe(OH)_3$$
$$2Fe(OH)_3 \Longrightarrow Fe_2O_3 + 3H_2O$$

总体而言，原料层还是放热大于吸热。只要控制好氧气的参与量，就可以让它持续发热较长时间，达到适宜的温度，直至铁粉被耗尽。

人体运动中的化学能消耗

人体生命的维持是基于人体能够源源不断地通过代谢获得能量以维持机体的运转，包括食物消化、肌肉收缩、神经传导、血液循环、组织合成和腺体分泌等。人体运动（如图1-15）时所需要的氧气等要通过血液流至参与代谢的组织细胞，而代谢后的废物（如二氧化碳）同样需要通过血液排出。安静状态下，心脏每分钟泵出的血液量约为5000毫升，其中21%流往了肌肉。但是，在剧烈运动时，心脏每分钟泵出的血液量约可高达22000毫升，且88%的血液流往了肌肉。因此，在人体运动过程中，尤其是高强度运动过程中，肌肉是能量代谢的主要场所。

图1-15 跑步健身

运动消耗的能量主要来源于人体内的糖类、脂肪等。你在长跑过程中有没有感觉到在开始的一段时间，腿特别容易发酸？这是因为，这段时间里能量的提供主要依靠大量消耗葡萄糖的无氧呼吸，从而产生了乳酸。化学方程式为：

$$C_6H_{12}O_6（葡萄糖）\xrightarrow{酶} 2C_3H_6O_3（乳酸）$$

在运动中，这种无氧呼吸提供能量大约要持续 75 秒，消耗的主要是糖类。之后人体进入主要由有氧呼吸供应能量的状态，涉及的化学方程式为：

$$C_6H_{12}O_6 + 6O_2 \xrightarrow{酶} 6CO_2 + 6H_2O$$

这一阶段前 20 分钟中消耗的主要物质是糖类，当持续时间超过 30 分钟，消耗的主要物质才变为脂肪。如果你想减肥，这下知道该运动多长时间了吧。

从消耗热量的角度来讲，游泳（如图 1-16）是一种非常好的减肥运动。游泳是一种高耗能的运动，若运动速度相同，完成相似的一组动作，游泳运动消耗的能量约为在陆地上运动的 6 倍。同时，水对热量的传导速度是空气的 26 倍，在相同温度下，人在

图 1-16　游泳运动

水里的能量消耗是在陆地上的 20 多倍。据研究，中等强度的游泳，能量消耗大约为每小时 1200 ～ 2100 千焦。

值得注意的是，游泳时全身的血液会强行流向四肢，这样供给胃的血液就少了，如果此时身体中糖的储备不足，就会发生低血糖，低血糖不但会使人体力不足，而且还会影响大脑的能量供应，严重者甚至会发生晕厥，这在水中是非常危险的，甚至会引发溺水，危及生命。

化学电源

电子表（如图 1-17）以其方便和精准受到很多人的青睐。它能显示时刻、日期和星期，而且随着科技的进步，计时越来越准确。电子表长时间稳定工作，需要化学电源为它提供能量。化学电源是一种通过化学反应将化学能直接转变成电能的装置。生活中常见的电池大多

图 1-17　电子表

是化学电源。化学电源广泛应用于国民经济、科学技术、军事等领域。

　　煤、石油、天然气等常规化学能源的燃烧都可以产生热能。火力发电需要经过一系列的能量转化过程（如图 1-18）。

图 1-18　火力发电的能量转化示意图

　　然而，火力发电厂利用化学燃料燃烧，先将化学能转化为热能，再将热能转化为机械能，进而通过发电机将机械能转化为电能。这种将化学能间接转化为电能的方式，其能量利用率只有不到 40%。这不但造成大量的不可再生能源的浪费，而且会导致严重的环境污染。如果制成化学电源，将化学能直接转变成电能，理论上转化率可以达到 100%，既清洁又高效。这是未来能源利用的一个重要发展方向。

　　可充电电池　可充电电池是可以反复使用、放电后可以充电复原以便再次放电的电池，也称二次电池。常见的可充电电池有铅蓄电池（如图 1-19）、镍镉电池、镍氢电池、锂离子电池、锂聚合物电池等，它们广泛用于太阳能发电站、电动汽车、照明设备、手机中。其中，铅蓄电池工作原理的化学方程式为：

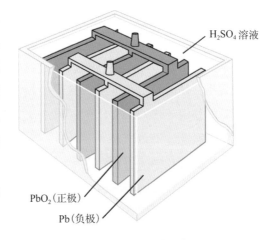

图 1-19　铅蓄电池构造图

$$Pb + PbO_2 + 2H_2SO_4 \underset{充电}{\overset{放电}{\rightleftharpoons}} 2PbSO_4 + 2H_2O$$

铅蓄电池一般由正极板、负极板、隔板、电池槽、电解液和接线端子等部件组成，通常以金属铅（Pb）为负极板，二氧化铅板（PbO_2）为正极板，硫酸为电解质溶液。当用导线将正负极接通时，蓄电池以电源的形式工作：负极上的金属铅发生氧化反应失去电子，电子经导线流向正极，正极上的二氧化铅接受电子发生还原反应生成硫酸铅，使得外电路产生电流。

燃料电池　燃料电池是一种将存在于燃料与氧化剂中的化学能直接转化为电能的发电装置（如图 1-20）。燃料和空气分别被送进燃料电池，电就被奇妙地生产出来。它的能量转化率很高，可达 80％ 以上，在工作时不断从外界输入氧化剂和还原剂，同时

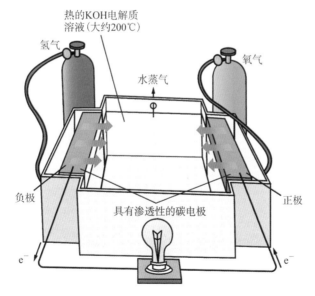

图 1-20　氢氧燃料电池工作原理图

将电极反应产物不断排出电池。燃料电池具有节约燃料、污染小的特点。氢氧燃料电池工作原理的化学方程式为：

$$2H_2 + O_2 \xrightarrow{\text{通电}} 2H_2O$$

氢氧燃料电池工作时，氢气在负极失去电子，发生氧化反应，电子经导线流向电池的正极。正极上的氧气获得电子，发生还原反应，形成电流。氢氧燃料电池的反应产物是水，整个过程没有燃烧的发生，化学能不需要先转化为热能，而是直接转化为电能，所以工作效率特别高。

海洋电池 海洋电池是 1991 年我国首创的以铝、空气、海水为能源的新型电池。它以铝为电池负极，金属(铂、铁)网为正极，将取之不尽的海水作为电解质溶液，靠海水中溶解的氧气与铝反应产生电能，从而为海上航标灯供电（如图 1-21）。海洋电池工

图 1-21 海上航标灯

作原理的化学方程式为：

$$4Al + 3O_2 + 6H_2O =\!=\!= 4Al(OH)_3$$

航标灯通常建在礁石之上，船只靠近困难，更换电池非常不方便，因此需要在恶劣的环境下能长期稳定工作的电池。而海洋电池很好地满足了这一需求，减轻了航标灯维护的压力。

高能电池 高能电池（如图 1-22）是指单位质量或单位体积提供的电能大且功率高的电池。比如，常见的银锌电池可制作成体积很小的纽扣电池，用于电子表、液晶显示的计算器或小型的助听器等；也可制作成

图 1-22　高能电池——锂空气电池

质量轻、体积小的大电流电池，用于航天、潜艇等领域。银锌电池工作原理的化学方程式为：

$$Zn + Ag_2O =\!=\!= ZnO + 2Ag$$

荧光棒为什么会发光

在许多演唱会的现场（如图 1-23），人们挥动着色彩缤纷的

发光荧光棒，给现场增添了热烈的气氛。荧光棒不仅可在大小型演唱会、宴会、节日晚会等场合使用，还可用于玩具、装饰、军需照明、海上救生、夜间标志信号以及钓鱼专用灯源等。你知道荧光棒发光的原理吗？

图 1-23 演唱会上人们挥舞荧光棒

荧光棒的外形大多为长条形，分内外两层结构，外层是可折的聚乙烯塑料管，内层是一根玻璃细管。玻璃细管外装的是由不同的荧光颜料与双草酸酯（CPPO）溶于溶剂形成的溶液，玻璃细管内装的是过氧化氢溶于溶剂形成的溶液，溶剂的主要成分是酯类化合物。使用时，将荧光棒轻轻弯折、击打或揉搓，使里面的玻璃细管破裂，再轻轻摇动，让玻璃细管内外的两种液体化合物充分混合，发生化学反应，释放能量（如图 1-24）。其化学方程式为：

$$CPPO + H_2O_2 \longrightarrow C_6H_5OH + CO_2 + 能量$$

在化学反应中放出的能量传递给荧光颜料分子，荧光颜料分子吸收能量后又以可见光的形式释放能量，从而把化学能转化为光能，致使荧光颜料发光。

荧光棒的发光时间一般可持续 4～48 小时。发光时间的长短与环境温度成反比（即环境温度越高，荧光棒的发光时间越短）、与荧光棒的初始亮度成反比（即荧光棒刚亮起时的亮度越高，发光时间越短）。根据荧光棒的这些特性，我们可以把已经发光的荧光棒放在低温环境中（如冰箱中），抑制荧光棒中两种液体的化学反应，取出后可继续使用。

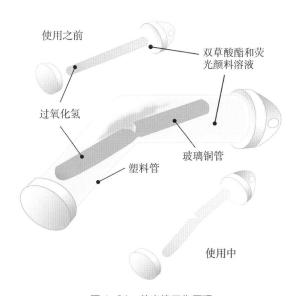

使用之前

双草酸酯和荧光颜料溶液

过氧化氢

玻璃铜管

塑料管

使用中

图 1-24　荧光棒工作原理

第 2 章

燃烧和氧化

　　天然气、煤等化石燃料的使用，金属的腐蚀，食品的变质等无不与燃烧或氧化有着密切的联系。燃烧和氧化是自然界和日常生活中非常普遍的一种现象。人们利用燃料燃烧放出的热量做饭、取暖、发电（如图 2-1）、冶炼金属等。但同时，燃料的燃烧、金属的腐蚀也会造成资源的浪费、损耗，并可能带来环境的污染。

图 2-1　燃煤发电厂

燃烧的秘密

燃烧是怎样产生的？其本质是什么？古人对这些问题进行了长期不懈的探索。德国化学家施塔尔（如图2-2）在总结了前人关于燃烧本质的各种观点之后，于1703年提出了"燃素说"。他认为与燃烧有关的变化都可以归结为物体吸收燃素或放出燃素的过程。例如，煅烧金属时，燃素从中逃逸出来，金属变成煅渣，将煅渣与木炭共燃，则煅渣又从木炭中吸取燃素而重新形成金属，即"金属－燃素＝煅渣"。在他看来，燃素存在于可

图 2-2　施塔尔

燃物或金属中，燃烧时能很快地从物体中逃逸出，物体燃烧后所剩下的就是缺少燃素的煅渣。炭黑、硫、磷、油脂等富含燃素，燃烧起来火焰旺；石头是不含燃素的物质，不会燃烧。

1774年，英国化学家普里斯特利加热氧化汞（HgO）后得到一种新气体。该气体能支持燃烧和小鼠呼吸，并被证明是空气的重要组成部分。普里斯特利称之为"脱燃素空气"。然而，他从"燃素说"出发，完全错误地解释了自己的实验，认为该气体不含燃素，而具有很强的吸收燃素的本领，在燃烧中有很强的助燃能力。一旦碰到蜡烛，它便从蜡烛中吸取燃素，因为燃素大量释放，所

以燃烧变得更旺。就这样，普里斯特利虽然制得了氧气，但由于受"燃素说"的束缚，错失发现氧气的良机。

1774 年 10 月，普里斯特利来到巴黎，见到了拉瓦锡，并向他讲述了自己的实验结果和"脱燃素空气"的性质。这个实验给了拉瓦锡很大的启发，他在运用天平定量研究锡、铅的金属煅烧实验的基础上，按照自己的想法进行了一个实验（如图 2-3）：加热汞并使它成为新物质（即氧化汞），再在高温条件下加热生成物使其还原。实验结果表明新物质生成过程中所吸收的特殊空气与还原该物质时所得到的特殊空气质量正好相等。他意识到这一特殊的空气才是燃烧的根本介质，并将该气体命名为氧（oxygen，源于希腊语，意思是"生成酸者"）。

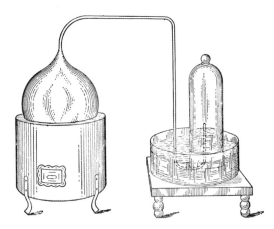

图 2-3　拉瓦锡用于加热汞的实验装置

拉瓦锡此后通过对铁、铅、锡等金属的煅烧，以及对木炭、磷、硫、钻石和许多有机物的燃烧实验，持续不断地进行研究，于 1777 年 9 月 5 日在法国科学院宣读了论文《燃烧通论》。之后，他又修改了《燃烧通论》，提出了以氧化反应为中心的新的燃烧理论。直到 1785 年左右，拉瓦锡的燃烧理论才得到一些有名望的化学家的认同，以氧化理论推翻了"燃素说"，开创了化学的定量时代。拉瓦锡一生对化学贡献卓著，除了燃烧的氧化理论外，他还是质量守恒定律的主要发现者，在有机物的分析、水的组成及呼吸现象等领域取得了辉煌的成就。

随着科学技术的不断进步，人们对燃烧的认识也不断深入。何为燃烧？燃烧是一种发热、发光的剧烈化学反应。燃烧的发生需满足三个条件：一是有可燃物；二是有助燃剂；三是温度达到该可燃物的着火点（物质燃烧所需达到的最低温度叫作着火点）。常见的可燃物有氢气、木炭、硫、磷、大部分的金属单质及绝大部分的有机物等。除了氧气外，氯气（Cl_2）、二氧化碳等也能助燃，例如在一定条件下，氢气、绝大部分的金属均能在氯气中燃烧生成相应的氯化物，氢气在氯气中燃烧时可观察到苍白色的火焰（如图 2-4），金属铜在氯气中燃烧时可观察到有大量

图 2-4　氢气在氯气中燃烧

图 2-5　镁在二氧化碳中燃烧

的棕色的烟产生。将燃着的金属镁条放入充满二氧化碳的集气瓶中，可观察到镁在二氧化碳中继续燃烧，放出热量，有白色固体（MgO）和黑色物质产生（如图2-5）。这也说明二氧化碳灭火能力的相对性，如金属镁等活泼金属着火时，就不能用二氧化碳去灭火，可用沙子覆盖的方式灭火。

　　火焰是可燃物与助燃剂发生氧化反应时释放光和热量的现象，其亮度取决于可燃物的性质。有的烟气发光较弱，形成白色的火焰。如果燃烧区内有固体微粒（如炭黑），就会出现发光强烈的火焰。可燃液体或固体必须先变成气体，才能燃烧而形成火焰。火焰可分为焰心、内焰和外焰三个部分（如图2-6）。焰心为火焰中黑暗的部分，由能燃烧而还未燃烧的气体组成；内焰为包围焰心的最明亮的部分，是气体未完全燃烧的部分；外焰为最外层的区域，是气体燃烧最完全的部分。火焰温度由内到外依次升高，外焰因为供氧充足，燃烧完全，所以温度最高，而焰心温度最低。

图2-6　火焰的结构

通常酒精火焰的温度可达 400℃～ 500℃，可用作普通的热源；氧炔焰（乙炔燃烧）的温度可达 3000℃以上，可用于切割金属和焊接金属。天然气、酒精、乙炔在空气中充分燃烧后生成的产物均为二氧化碳和水。燃烧与我们的生活和社会的发展有着密切的联系，对燃烧反应的利用推动了科技的进步。

链接

阻燃剂

塑料、橡胶、纺织品等都是易燃物，有什么办法可使它们不易燃烧甚至不燃烧？添加阻燃剂是一种行之有效的办法。普通刨花板易燃，添加了阻燃剂的刨花板不易燃烧（如图 2-7）。阻燃剂又称难燃剂、耐火剂或防火剂，是合成高分子材料（如塑料、橡胶等）的重要助剂之一，其功能是使合成材料具有难燃性、自熄性和消烟性。阻燃剂种类较多，常见的有卤系、氮系、硫系及铝镁系等无机和有机阻燃剂。

图 2-7　燃烧 10 分钟后的普通刨花板（左）与阻燃刨花板（右）

燃烧一般需要可燃物、助燃剂及足够高的温度三个要素，且缺一不可。阻燃剂的作用是在可燃物燃烧时抑制一种或一种以上要素的产生，达到阻止或减缓燃烧的目的。每一种阻燃剂的具体阻燃方式往往是不同的，但阻燃的基本原理大致相同，即减少热分解过程中可燃性气体的生成、阻碍气体燃烧过程中的基本反应、吸收燃烧过程中产生的热量、稀释或隔离空气。例如，氢氧化铝阻燃剂，其阻燃方式是：在250℃左右开始分解脱水并吸热，抑制可燃物升温；分解生成的水蒸气稀释了可燃气体和氧气的浓度，可阻止燃烧进行；在可燃物表面生成氧化铝，将可燃物与空气隔开，阻止燃烧的进一步发生。

自　燃

汽车，露天堆放的稻草、稻谷、棉籽、玉米芯及煤炭等都可能发生自动燃烧，即自燃现象（如图2-8、图2-9）。这些物质没有明火引燃，怎么会自动地烧起来呢？

物质燃烧须同时具备可燃物、助燃剂和温度达到可燃物的着火点这三个条件。露天堆放着的煤炭、粮食等，前两个条件

图 2-8　小汽车发生自燃

图 2-9　某煤矿储煤区发生自燃

已具备，但这些物质在没有外来火源的条件下，其温度是如何达到着火点的？

　　根据热量来源的不同，物质自燃分为受热自燃和自热自燃两种。受热自燃是指可燃物在外部热源作用下，温度升高，当达到一定温度时燃烧的现象。而一些物质在没有外来热源作用的情况下，由于物质内部发生复杂的物理化学变化，会产生并积聚热量，引起可燃物温度上升而燃烧，这种自燃称为自热自燃。

　　谷类、豆类、薯类等粮食主要含淀粉、蛋白质等物质。粮食的自燃从发热开始，大量的粮食堆放在一起时，热量主要来自粮食自身的呼吸作用和微生物的呼吸作用（粮食本身、害虫等带有大量的微生物）。当温度、湿度适宜时，整个粮堆中的生物体呼吸强度显著提高，放出大量的热量，粮食温度开始上升。随着霉变的加剧，粮食温度还会上升。当温度达到 70℃ 左右时，微生物死亡，但前期经微生物分解产生的有机酸、醇等有机物在氧气充足的条件下，继续分解、氧化，产生新的热源，使温度继续升高，直至达到着火点，引发粮食自燃。防止粮食自燃的基本方法是：

使粮食处于较干燥状态，做好防雨、防潮工作；加强粮堆内部的温度和湿度的检查与监测。

谷类、豆类、薯类等粮食会因发酵放热自燃；白磷、磷化氢等会因氧化放热而自燃；钠、钾、钙等活泼金属会因遇水反应生成氢气并放热而自燃甚至爆炸；粉状活性炭、还原镍粉、还原铁粉等可能因吸附空气中的氧气发生氧化反应而自燃。可见，可燃物质的自燃是重要的火灾隐患，而火灾的发生将会给人民群众的生命财产造成巨大的威胁。因此，采取有效的预防措施并加强科学管理就显得尤为重要。

你认为小汽车自燃有哪些原因？如何预防小汽车自燃？

粉尘爆炸

2015 年 6 月 27 日晚，中国台湾地区新北市八里区的八仙水上乐园举办"彩色派对"活动，在派对活动结束前 5 分钟，从舞台左侧、右侧、前方各自往天空中喷撒出最后一发七彩粉末（如

图 2-10）。粉末喷出后，舞台前方赫然迸发出大片火花，并引起爆炸，熊熊火焰铺天盖地，迅速席卷了舞台前方穿着泳装的民众。事故造成 498 人受伤，其中 200 多人重伤，多人罹难。这次事故中的彩色

图 2-10　彩色派对

粉末到底是什么？爆炸是如何引发的？

　　经过多次实验验证后，新北市消防局于 2015 年 8 月 27 日做出正式鉴定报告，认定起火点位于舞台右前方的电脑灯。正是因为部分彩色粉末（玉米粉和着色剂）撒到灯面，灯面数百摄氏度的高温使其燃烧，又因热量在短时间内无法扩散，从而引发爆炸，火势借助地上的彩色粉末一路蔓延，才会引发惨剧。玉米粉的主要成分是淀粉 $[(C_6H_{10}O_5)_n]$，其燃烧的化学方程式为：

$$(C_6H_{10}O_5)_n + 6nO_2 \xrightarrow{\text{点燃}} nCO_2 + 5nH_2O$$

　　粉尘爆炸事故（如图 2-11）不是最近几年才有的，实际上它早已存在于人们生活中（如图 2-12）。第一次有记载的粉尘爆炸事故发生在 1785 年意大利的一家面粉厂，至今已有 200 多年。在这 200 多年中，粉尘爆炸事故越来越多。据日本学者福山郁生统计，1952—1979 年，日本共发生 209 起粉尘爆炸事故，死伤人数达 546 人。1970—1980 年，美国有记载的工业粉尘爆炸事故有100 起，25 人在事故中丧生，平均每年因此而引起的直接损失为2000 万美元。

图 2-11　粉尘爆炸　　　　图 2-12　美国帝国糖业粉尘爆炸事故
现场

　　什么是粉尘爆炸呢？如果我们了解爆炸的含义的话，对粉尘
爆炸就不难理解了。粉尘指悬浮在空气中的固体微粒。粉尘爆炸
就是可燃性固体微粒悬浮在空气中并达到一定浓度时，遇到热源
而引起的爆炸。显然，粉尘爆炸是一类反应速率极快的氧化反应，
能在瞬间释放出大量的热量，形成很高的温度和很大的压力，具
有很强的破坏力。从物质燃烧的条件出发，我们可推知粉尘爆炸
发生的基本条件：

　　（1）有充足的空气或氧化剂；

　　（2）有火源或者强烈振动、摩擦；

　　（3）可燃性粉尘以一定的浓度分散在空气中。

　　常见的会形成可燃性粉尘的物质有：金属——镁、铝；粮
食——面粉、淀粉；农副产品——棉花、烟草；林产品——纸、
木；合成材料——塑料、染料；等等。形成的粉尘通常不易引起
爆炸的有土、沙、氧化铁、水泥等，从化学性质角度来看，这类
物质通常不具有可燃性。当然，这并不是说空气中有可燃性粉尘
就会发生粉尘爆炸，只有空气中的可燃性粉尘达到一定的浓度时

才有可能。粉尘爆炸下限是指在空气中遇火源能发生爆炸的粉尘最低浓度，一般用单位体积内所含粉尘质量来表示，其单位为克／米³。爆炸下限越低，粉尘爆炸危险性越大。不同种类粉尘的爆炸下限不同，同种物质粉尘的爆炸下限也随条件变化而改变。

表 2-1　一些常见粉尘在空气中的爆炸下限和闪火点

粉尘	铁	镁	锌	淀粉	大豆	小麦	木屑	聚乙烯	尼龙
浓度（克／米³）	120	20	500	45	40	60	40	20	30
闪火点（℃）	316	520	680	470	560	470	430	410	500

粉尘爆炸破坏性大，易发生二次爆炸，而且在爆炸过程中可能伴随着一氧化碳等有毒气体的产生。但是，只要我们消除粉尘爆炸基本条件中的一个或多个条件，就可避免粉尘爆炸事故的发生，例如：从可燃物方面进行预防，严格控制粉尘在空气中的扩散，及时清理地面或墙面上的粉尘；从助燃剂方面进行预防，在粉尘与空气的混合物中充入适量的不助燃的氮气或二氧化碳，或增大空气的湿度以降低氧气的密度；从火源方面进行预防，在生产车间不使用会产生摩擦、电火花的工具，严禁明火，定期检查电器设备，及时更换老化的线路，等等。

　　酒精的燃烧、大豆的自燃与淀粉的粉尘爆炸有哪些共同点？

绚丽多彩的烟花

你见过燃放烟花的盛景吗？随着一束束烟花的升起，夜空宛如姹紫嫣红的百花园，五彩缤纷的烟花如水晶石般亮丽夺目，色彩斑斓的焰火好似彩绸般绚丽多姿（如图 2-13）。烟花为什么能够升空并绽放出斑斓的色彩？

图 2-13　燃放烟花

未被点燃的烟花内部含有黑火药和导火线，导火线被引燃后，诱发火药燃烧，相应的化学方程式为：

$$2KNO_3 + S + 3C \xrightarrow{\text{点燃}} K_2S + N_2 \uparrow + 3CO_2 \uparrow$$

由于该反应会在瞬间产生大量的氮气、二氧化碳，并伴随着极高的热量，且烟花产品底端的"后门"封得不严，下层火药爆炸产生的气流"呼"的一声冲开"后门"，向下喷射。向下喷射的气流使烟花受到向上的反作用力，被推向空中，这时候导火线恰好又引燃了烟花产品上端密闭的火药，引发了第二次快速燃烧——爆炸，产生绚丽多姿的空中景象。

烟花燃放时之所以会发出五彩缤纷的光，是因为在烟花生产过程中人们添加了一些发光剂和发色剂。常用的发光剂是铝粉或镁粉，这些金属燃烧时生成金属氧化物，并会发出耀眼的白光。发色剂其实是一些金属化合物，如氯化钠、硝酸钙等，这些金属或它们的化合物在灼烧时都会使火焰显现出特征颜色，这在化学上叫作焰色反应。例如，钠的焰色为黄色，钾的焰色为紫色，钙的焰色为砖红色（如图 2-14）。根据火焰所呈现的特征颜色，可以检验金属或金属离子的存在。

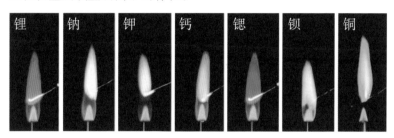

图 2-14 一些金属元素的焰色

一般的烟花都会在燃放时产生较多的空气污染物，如二氧化硫、氮氧化物及粉尘等，这些气体对呼吸系统、神经系统有一定的损害，对眼睛也有刺激作用。烟花燃放时噪声污染严重，甚至还会引发火灾、爆炸等安全问题。随着人们环境保护意识的增强，市面上出现了电子烟花。电子烟花的原理是利用喷向空中的彩色纸屑反射彩色灯光，结合哨子发出的啸叫声来产生类似火药烟花的"燃放"效果。它可重复使用，没有硝烟，不产生垃圾，而且"燃放"时景象绚丽多姿，声音悦耳动听。

金属的腐蚀与防护

在日常生活中，我们常常能看到，长时间暴露在空气中的钢铁会出现红棕色的铁锈（如图2-15）；较不活泼的铜在潮湿的空气中也会慢慢披上一层绿色的"外衣"（如图2-16）；银在空气中受到微量硫化物的作用，表面会形成硫化银而黯然失色。铁、铜、银在空气中发生的变化就属于金属的腐蚀，即金属或合金跟周围的气体、液体发生化学反应而被腐蚀的现象。在金属腐蚀过程中，金属单质往往被氧化为金属氧化物或其他化合物。

图2-15　锈迹斑斑的铁桥

图2-16　生锈的铜鼎

钢铁制品容易受到环境中化学物质的侵蚀而腐蚀，通常情况下为吸氧腐蚀。在潮湿的空气里，钢铁制品的表面往往形成了一层水膜，水膜中溶解有氧气、二氧化碳及少量的盐类等，形成薄薄一层电解质溶液，铁和电解质溶液经复杂的氧化还原反应，铁最终被氧化形成铁锈（$Fe_2O_3 \cdot xH_2O$），如图 2-17 所示。

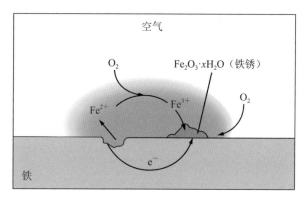

图 2-17　钢铁吸氧腐蚀原理图

　　金属的腐蚀现象非常普遍，这不仅给生产生活带来许多不便，而且给国民经济带来巨大的损失。据统计，每年由于金属腐蚀造成的钢铁损失约占当年钢产量的 10%～20%。金属腐蚀事故引起的停产、停电等间接经济损失更是难以计算。金属腐蚀还可能造成环境污染，例如重金属材料被腐蚀后，重金属阳离子（如 Fe^{3+}、Cu^{2+}）就会进入水体、土壤中，造成重金属污染，影响人类健康。

　　由于金属腐蚀广泛存在、危害性大，因此，防止金属发生腐蚀十分重要。防止金属腐蚀的常用方法有：在金属表面覆盖保护层，如在金属表面涂上防锈漆、搪瓷，镀上化学性质不活泼的金属；改变金属的内部结构，如在普通的钢中加入铬、镍等金属，制成不锈钢，可增强钢的抗腐蚀能力；电化学保护法，如在轮船的尾部装上锌块（其化学性质比铁活泼），锌被腐蚀使船壳主体得到保护。

烤 蓝

　　烤蓝又称发蓝，是钢铁制件常用的表面处理方法。它可以使钢铁制件表面氧化生成一层致密的四氧化三铁（Fe_3O_4）薄膜，将金属铁与空气隔开，增强钢铁制件的抗腐蚀能力，延长使用寿命。这种氧化膜具有较大的弹性和润滑性，不影响零件的精度。人们常用这种方法来处理精密仪器和光学仪器的部件。烤蓝的方法很多，通常使用碱性或酸性药液使金属表面氧化形成蓝黑色或黑色保护膜。常用的碱性烤蓝液由氢氧化钠、硝酸钠和亚硝酸钠配制而成；酸性烤蓝液由磷酸、硝酸钙和过氧化锰等配制而成。烤蓝时，要先去除钢铁制件表面的油污或铁锈，然后将其在烤蓝液中加热一段时间后取出，用水洗净，就可以看到钢铁制件表面呈现蓝黑色或黑色（如图 2-18）。

图 2-18　烤蓝后的钢带

食品中的抗氧化剂

在饼干、食用油等食品的加工过程中，人们常添加少量的丁基羟基茴香醚（BHA）、特丁基对苯二酚（TBHQ）等添加剂，这是为什么呢？这是由于食品在存储或运输过程中除了可能由微生物作用发生腐败变质外，也可能与空气中的氧气发生氧化反应导致变质。氧化不仅会使油脂或富含油脂食品氧化酸败，而且还会引起食品褪色、褐变和维生素被破坏等，从而降低食品的品质和营养价值。油脂发生氧化酸败后甚至会产生有毒物质，危及人体健康。部分食品添加剂实质上就是抗氧化剂。例如，脂类物质与氧气发生氧化反应的基本过程如图2-19所示。

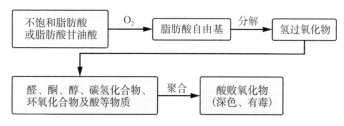

图2-19 脂类与氧气发生氧化反应的过程

所谓抗氧化剂是指任何能推迟、阻碍或阻止食品因氧化而引起酸败或变质的物质。在食品中添加抗氧化剂可以防止食品发生氧化变质，延长食品存储时间，保证食品的质量。

具有抗氧化作用的物质有很多，而食品添加剂应具备下列条件：（1）具有优良的抗氧化效果；（2）自身及转化产物无毒性；（3）

可与食品共存，对食品性质（包括色、香、味等）没有影响；（4）价格适宜，使用方便。通常认为，抗氧化剂在抗氧化的过程中所起的主要作用有：抗氧化剂自身被氧化，消耗食品内部和环境中的氧气，使得食品不再被氧化；提供氢原子来阻断食品油脂自动氧化的连锁反应，从而阻止食品的氧化变质；通过抑制氧化酶的活性来防止食品氧化变质。

食品中的抗氧化剂可分人工合成抗氧化剂和天然抗氧化剂。特丁基对苯二酚和二丁基羟基甲苯(BHT)属于人工合成抗氧化剂，在国家规定的使用范围和剂量内使用是安全可靠的。在我们的日常食物如蔬菜、水果、谷物、蛋类、肉类和坚果中都含有抗氧化剂。这些抗氧化剂对人体本身有许多益处。天然抗氧化剂常见的有：

维生素 C　维生素 C 又称抗坏血酸，呈无色晶体状，易溶于水，其水溶液不稳定，易被氧气氧化，受热易分解，具有强还原性，主要存在于新鲜水果及蔬菜中。水果中的橘子、山楂、柠檬、猕猴桃和梨等（如图 2-20）都含有丰富的维生素 C，蔬菜中的绿

图 2-20　富含维生素 C 的柑橘类水果

叶蔬菜、青椒、番茄、大白菜等的维生素 C 含量也较高。

维生素 E　维生素 E 是一种脂溶性维生素，其水解产物为生育酚，是最主要的抗氧化剂之一。它不溶于水，溶于脂肪和酒精等溶剂，对热、酸稳定，对碱不稳定，对氧敏感，对热不敏感，但在油炸环境中其活性明显降低。它主要存在于猕猴桃、菠菜、卷心菜、甘薯、山药、杏仁、榛子、胡桃、瘦肉、乳类和压榨植物油等食物中。

茶多酚　茶多酚为淡黄色至茶褐色略带茶香的粉状固体（如图 2-21），一般在未发酵绿茶（如图 2-22）和花茶中含量较高。茶多酚的主要化学成分为儿茶素类(黄烷醇类)、黄酮及黄酮醇类、花青素类等化合物的复合体，其中的儿茶素类化合物为茶多酚的主体成分。它耐热性及耐酸性好，在 pH 为 2 ～ 7 范围内的环境中十分稳定，在碱性条件下易氧化褐变，遇铁离子会生成绿黑色化合物，具有较强的抗氧化作用。

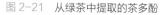

图 2-21　从绿茶中提取的茶多酚

图 2-22　绿茶

植酸　植酸为淡黄色或褐色浆状的液体，易溶于水和乙醇，其水溶液呈酸性，对光稳定，受热会分解，可与钙、铁、镁、锌等金属离子反应产生不溶性化合物。它广泛存在于豆类、谷类、坚果和水果中，尤其在种子中含量较高。植酸作为抗氧化剂、保鲜剂、发酵促进剂、金属防腐剂等，广泛应用于食品、医药、日用化工及塑料工业等领域。

此外，人们已从葵花叶、油茶果壳、大麦糠、花生壳及一些传统的中草药中，提取出各种抗氧化成分，它们都有可能成为新的食品抗氧化剂。以天然抗氧化剂取代合成抗氧化剂将是今后食品抗氧化剂生产应用领域的发展方向。

链接

维生素 C 的发现

在 18 世纪前，坏血病是普遍发生于远洋船员的一种难以医治的疾病。病人往往牙龈出血，皮肤黏膜出血，有的甚至因此而丧命。是什么原因导致船员患上坏血病？1747 年，一位名叫詹姆斯·林德的英国医生做了对比实验，让 12 个患了坏血病的人分组进食，比较不同食物的作用，其中 2 人每天吃 2 个橘子、1 个柠檬，以 6 天为一个疗程。结果 6 天后，只有吃新鲜橘子和柠檬的 2 人好转，其他人病情依旧。后来人们通过不断验证，发现食用新鲜的水果和蔬菜可预防坏血病，但究竟是什么物质起了作用？直到 100 多年后，科学家才慢慢将谜底揭开。

揭秘

　　1912 年，美国科学家卡西米尔·冯克综合了以往的实验结果，发表了关于维生素的理论。1928 年，匈牙利生物化学家阿尔伯特·森特·哲尔吉成功地从牛的副肾腺中提取出维生素 C。他也因为对维生素 C 和人体内氧化反应的研究获得 1937 年的诺贝尔生理学或医学奖。1933 年，瑞士的雷池斯坦成功地进行了维生素 C 的人工合成，并于 1934 年在瑞士实现了维生素 C 的工业化生产。

第 3 章

酸和碱

当我们食用橘子、柠檬、苹果等水果（如图 3-1）时，我们会感觉到一点酸酸的味道，这是因为水果中含有酸。当我们用洗洁精洗碗，用洗发水洗头发时，我们使用到了碱。我们的生活离不开酸和碱，那么，酸和碱有哪些性质？它们在生产、生活中有哪些广泛应用？

图 3-1　含酸的一些水果

人类对酸碱的认识

人类对酸碱的认识经历了一段比较长的过程。直到 17 世纪，人们对酸碱的认识还十分粗浅而模糊，大多是从其性质的角度出发的。17 世纪末，英国化学家波义耳（如图 3-2）提出了朴素的酸碱理论：凡是其水溶液能溶解某些金属，并使石蕊试液变红，跟碱接触后失去原

图 3-2　波义耳

有特性的物质叫酸；凡是其水溶液有苦涩味，能腐蚀皮肤，并使石蕊试液变蓝，跟酸接触后失去原有特性的物质叫碱。很明显，波义耳依据酸、碱的某些性质来对其进行概括，存在许多破绽。

拉瓦锡在波义耳之后提出，一切非金属氧化物溶于水后生成的物质是酸。他认为氧是酸碱的灵魂，是酸的要素，故把氧称为酸素。1811 年，英国化学家汉弗莱·戴维提出，盐酸的组成中不含氧元素，但它仍然呈酸性，因此认为氢元素才是组成酸的基本元素。

1887 年，瑞典化学家阿伦尼乌斯（如图 3-3）提出电离理论。他认为在水溶液中电离产生的阳离子全是氢离子（H^+）的物质为酸；在水溶液中电离产

图 3-3　阿伦尼乌斯

生的阴离子全是氢氧根离子（OH^-）的物质为碱。按照电离理论，我们可把酸、碱的电离反应的化学方程式表示为：

$$HCl \mathrel{=\!\!=\!\!=} H^+ + Cl^-$$
$$HNO_3 \mathrel{=\!\!=\!\!=} H^+ + NO_3^-$$
$$H_2SO_4 \mathrel{=\!\!=\!\!=} 2H^+ + SO_4^{2-}$$
$$NaOH \mathrel{=\!\!=\!\!=} Na^+ + OH^-$$

电离理论的产生，把人们对酸碱的认识从宏观引向了微观，从现象引向了本质。这样我们就知道，酸与碱的中和反应实质上是 H^+ 与 OH^- 作用生成水的反应，这说明 H^+ 与 OH^- 不能大量共存于同一溶液中。阿伦尼乌斯在化学领域的卓越成就使他在1903年荣获了诺贝尔化学奖。尽管阿伦尼乌斯对酸碱理论做了严密的概括，但是仍然不能解决关于酸碱的所有问题，例如在非水溶液和无水条件下的酸碱反应是如何发生的。1923年，化学家们又提出了酸碱质子理论，即凡能给出质子（H^+）的物质都是酸，凡能接受质子的物质都是碱。

链接

酸碱的命名

根据酸是否含氧，可将酸分为含氧酸和非含氧酸。含氧酸的名称往往基于该酸的成酸元素（即氢氧元素以外的元素），称为"某酸"，如 H_2SO_4 叫硫酸，H_3PO_4 叫磷酸。

链接

HNO$_3$ 之所以在中文里不叫氮酸而叫硝酸，是由于硝酸最初由硝石（NaNO$_3$）制成，它在外文中仍然被称为"氮酸"。如果元素具有多个价态，命名方法又会因化合价的不同而有所不同，如 H$_2$SO$_4$ 叫硫酸（硫为 + 6 价），而 H$_2$SO$_3$ 叫亚硫酸（硫为 + 4 价）。当同一种元素可形成多种酸时，则按该酸元素的价态在某酸前冠以"高""正""亚""次"，"正"常省略，如 HClO$_4$ 叫高氯酸（氯为 + 7 价），HClO$_3$ 叫氯酸（氯为 + 5 价），HClO$_2$ 叫亚氯酸（氯为 + 3 价），而 HClO 叫次氯酸（氯为 + 1 价）。若酸为无氧酸时，称为"氢某酸"，如 HF 叫氢氟酸，HCl 叫氢氯酸（习惯叫法是盐酸），H$_2$S 叫氢硫酸。而碱则直接根据氢氧根和金属阳离子名称来命名，如 Cu（OH）$_2$ 就叫氢氧化铜，Fe（OH）$_3$ 叫氢氧化铁。

思考

　　为什么不同的酸具有相似的化学性质？相应地，为什么不同的碱也有相似的化学性质？不同的酸具有不同性质的主要原因是什么？

生活中的乳酸

酸奶（如图 3-4）是我们在生活中非常熟悉的食品。我们食用酸奶时会尝到一股轻微的酸味，这主要是由乳酸等所致。将纯牛奶在一定温度下经乳酸菌（如图 3-5）发酵即可得到酸奶。乳酸菌是一类能使碳水化合物发酵从而产生大量乳酸的细菌的通称。纯牛奶在发酵过程中，约 20% 的蛋白质被水解成氨基酸等小分子物质，脂肪酸含量也较原料奶增加 2 ～ 6 倍，乳糖经过发酵产生乳酸，它能使肠道里的弱碱性物质转变成弱酸性，抑制蛋白质发酵，有利于肠胃消化，促进钙、

图 3-4　酸奶

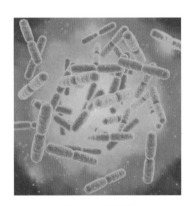

图 3-5　乳酸菌

磷、铁等矿物质的吸收。酸奶保留了牛奶的全部营养成分，不仅如此，在发酵过程中，乳酸菌还可以产生人体所必需的多种维生素，如维生素 B_1、维生素 B_2、维生素 B_6、维生素 B_{12} 等。许多人因为乳糖不耐受，喝了牛奶会腹泻、腹痛，而当乳糖变成了乳酸，他们就不再遭遇这样的情况。所以，对于乳糖不耐受的人来说，

酸奶可以解决他们原先难以摄取奶制品营养的问题。

乳酸是一种天然有机酸，可以由淀粉、乳糖等经微生物发酵制得，在发酵乳制品和腌制蔬菜中含量较高，也可以通过人工合成的方法来制得。乳酸广泛应用于食品、医药、化妆品、农业等领域。它有很强的防腐保鲜功效，可用于果酒、饮料、肉类等的贮藏，具有调节酸碱度、抑菌、延长保质期、调味、保持食品色泽、提高产品质量等作用。乳酸聚合可得到聚乳酸，聚乳酸可被抽成丝，纺成线（如图 3-6），这种线是良好的手术缝线，缝口愈合后不用拆线，聚乳酸能自动降解成乳酸被人体吸收，无不良后果。聚乳酸还可做成黏结剂在器官移植和接骨中应用。乳酸聚合物也可用于生产农用薄膜，它可以取代塑料地膜，能被细菌分解后让土壤吸收，减少白色污染，利于环保。

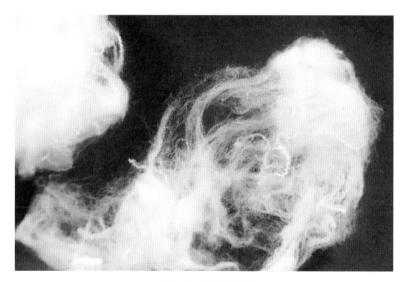

图 3-6　聚乳酸纤维

在人体中，葡萄糖通过氧化的方式来为我们提供能量。当我们剧烈运动或持久运动时，葡萄糖会经过一系列步骤被降解或代谢为一种叫作丙酮酸的物质。当人体内有充足氧气时，丙酮酸会被运输到有氧路径，从而被进一步降解产生更多的能量。但当体内氧气有限时，人体会暂时把丙酮酸转化为乳酸，如果体内的乳酸不及时得到处理，会形成乳酸堆积。乳酸堆积发生后，如果要加速乳酸的排泄，一个方法是持续有氧运动，促使乳酸随着能量的代谢过程被加速排出体外；另一个方法是用热水熏蒸（例如蒸桑拿），也可以达到加速乳酸排泄的目的。

食品酸味剂

一些常见饮料往往略带一点酸味，原因是饮料中添加了柠檬酸、磷酸等酸性物质。这些酸性物质在食品工业领域常被叫作食品酸味剂。

食品酸味剂在一定程度上有益于人类的健康，它可促进唾液的分泌，有助于人体内矿物质的溶解，也有助于人体对营养物质的吸收。它对食品的作用主要有以下几个方面：

赋予酸味 酸味剂作为一种酸性物质，不但赋予食品酸爽的口感，使食品形成特殊风味，而且会干扰味蕾对其他味道的感觉。

它还能修饰蔗糖等甜味剂的甜味。

调节 pH 酸味剂可用于调节食品的酸碱度，例如在凝胶、果冻、果酱等产品中，可以利用酸味剂调节其 pH，从而使产品具备最佳的韧度等性状。

抑菌防腐 微生物生存需要一定的酸碱度环境，多数细菌能适应的环境 pH 为 6.5～7.5，少数细菌可以耐受的环境 pH 为 3～4。可见，利用酸味剂调节食品的 pH，可起到抑菌防腐作用，从而延长食品保质期。此外，酸味剂还有助于增强酸型防腐剂如苯甲酸、山梨酸的防腐效果，减少高温灭菌时间，减少高温对食品风味的不利影响。

变色护色 酸味剂还能改变食品色泽，一些天然色素在不同的 pH 环境下色泽不同，通过调节食品的 pH 可以调控食品的色泽。由于有些酸味剂具有还原性，它们用于水果、蔬菜、肉制品等可以起到保色的作用。

我国允许使用的食品酸味剂有 17 种，常见的酸味剂有柠檬酸、苹果酸、酒石酸、乳酸、醋酸等有机酸，以及磷酸等无机酸，其中柠檬酸是食品工业中用量最大的酸味剂，在所有的有机酸产品中市场占有率在 70％以上。无机酸味剂中使用较多的是磷酸。酸味剂按其口味可分为以下几类：（1）令人愉快的：柠檬酸、抗坏血酸、葡萄糖酸、L- 苹果酸等；（2）带有涩味的：酒石酸、乳酸、延胡索酸、磷酸等；（3）带有苦味的：DL- 苹果酸等；（4）带有鲜味的：谷氨酸等。

酸型防腐剂

　　防腐剂是一类以保护食品原有性质和营养价值为目的的食品添加剂。酸型防腐剂是使用范围最广的一类防腐剂，常用的有苯甲酸、山梨酸和丙酸（及其盐类）。一般来说，环境的 pH 越小，其酸性越强，防腐效果越好；在碱性条件下它们几乎无效。苯甲酸可以用作食品、饲料、乳胶、牙膏的防腐剂，在酸性条件下对霉菌、酵母和细菌均有抑制作用，但对产酸菌作用较弱。苯甲酸抑菌的最适宜的环境 pH 为 2.5 ～ 4.0。山梨酸在人体内经代谢分解为二氧化碳和水，对人体毒性小，对细菌、霉菌、酵母的生长均有抑制作用，是公认的最佳防腐剂。由于山梨酸溶解度小，人们常使用其钾盐。丙酸主要用于焙烤类食品中，特别适用于面包和糕点的保鲜和存放，并且由于它对酵母不会起到抑制作用，故不影响面包生产过程中的正常发酵。

酸性洗涤剂

　　洁厕液（如图 3-7）和洁厕宝统称为洁厕剂，具有清洁、杀菌的作用，常用于厕所的清洁和消毒。怎样科学合理地使用洁厕剂呢?

洁厕剂按形态分为固体和
液体两大类,分别叫洁厕宝和
洁厕液。洁厕宝的使用方法是:
将洁厕宝投入马桶的水箱,其
溶于水中,在人们每次冲水的
时候就能达到清洁马桶的功效。
洁厕液的使用方法是:将洁厕

图 3-7　洁厕液

液直接喷洒在马桶表面,停留 5 ～ 8 分钟后用刷子刷洗,再用清
水冲洗即可。

目前市场上的洁厕剂以酸性产品为主,其主要成分是盐酸、
表面活性剂、香精和缓蚀剂等。洁厕剂专用于厕盆的清洗,它能
有效地去除厕盆内的顽固污垢(如尿碱等),兼有杀菌功效,且不
损伤厕盆表面。洁厕剂中含有盐酸等酸性物质,具有腐蚀性,一
旦洒到皮肤上,要用清水快速清洗。它不能用于非瓷表面如木地
板、水泥地、大理石及一些金属制品等的清洗。它不能与碱性洗
涤用品(如厨房清洁剂、肥皂等)混合使用,否则将因发生酸碱
中和反应而失效。它也不能与
84 消毒液(如图 3-8)混合使用,
因为 84 消毒液是一种以次氯酸
钠(NaClO)为主的高效消毒液,
而次氯酸钠遇到盐酸会发生化
学反应,产生有毒的氯气,其
化学方程式为:

图 3-8　84 消毒液

$$NaClO + 2HCl == NaCl + Cl_2 \uparrow + H_2O$$

在生活中你或许看到
过锅炉、热水器管道、水
壶、中央空调管道、热水
瓶等的内壁上有一层沉积
物，这一层沉积物叫水垢
（如图3-9）。这些水垢是
怎样形成的呢？原来，自

图3-9　管道水垢

来水中一般含有钙离子、镁离子和碳酸氢根等离子组成的化合物，
这些化合物在受热时发生反应：

$$Ca(HCO_3)_2 \xrightarrow{\triangle} CaCO_3 \downarrow + H_2O + CO_2 \uparrow$$

$$Mg(HCO_3)_2 \xrightarrow{\triangle} MgCO_3 \downarrow + H_2O + CO_2 \uparrow$$

$$MgCO_3 + H_2O \xrightarrow{\triangle} Mg(OH)_2 + CO_2 \uparrow$$

可见，水垢的主要成分是碳酸钙（$CaCO_3$）和氢氧化镁
$[Mg(OH)_2]$。钙镁水垢附在锅炉、管道等的内壁上，由于其导
热性较差，会导致加热过程消耗更多的燃料或电力；由于其热胀
冷缩和受热不均，会增加热水器和锅炉爆裂甚至爆炸的危险性。

怎样清除水垢呢？从水垢的主要组成入手可以发现，采用
一些含酸性物质的洗涤剂可溶解碳酸钙和氢氧化镁。这些酸性
洗涤剂由多种活性剂、酸、渗透剂等组分复配，可快速清除各
种换热设备、锅炉、管道中的水垢、锈垢和其他沉积物，同时在
金属表面形成保护膜，防止金属腐蚀和水垢的快速形成，对各种
设备和卫生设施表面的污垢、菌藻、蚀斑也有极佳的清除作用。
这些酸可以是盐酸、醋酸、柠檬酸等。水垢与盐酸反应的化学

方程式为：

$$CaCO_3 + 2HCl = CaCl_2 + H_2O + CO_2 \uparrow$$

$$Mg(OH)_2 + 2HCl = MgCl_2 + 2H_2O$$

酸不仅应用于生活，在工业生产中也有广泛的用途，酸洗就是酸的一种重要应用。酸洗是一种利用酸溶液去除钢铁表面的锈蚀物的方法。图 3-10 是金属酸洗前后外表的情况，酸洗前金属外表包着一层锈皮，呈褐色，没有光泽，酸洗后金属呈银白色，非常光亮。钢铁表面的锈蚀物为铁的氧化物，酸洗时它们与酸作用转化为铁盐和亚铁盐，因溶于酸而被除去。酸洗用的酸有硫酸、盐酸、磷酸、硝酸、铬酸或它们的混合酸等，最常用的酸是硫酸和盐酸。酸洗方法主要有浸渍酸洗法、喷射酸洗法和酸膏除锈法，一般多用浸渍酸洗法，大批量生产中可采用喷射酸洗法。金属的酸洗往往与钝化一起进行。所谓钝化就是使清洗后的金属表面生成保护膜，减缓腐蚀。钝化后金属耐腐蚀能力会提高 15 ～ 50 倍。金属的酸洗钝化（如图 3-11）广泛应用于航空航天、移动通信行业以及眼镜、钟表、汽车配件、精密五金、医疗器械、食品机械、紧固件等

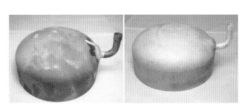

图 3-10　金属酸洗前后对比图

图 3-11　酸洗钝化车间

的生产过程。酸洗钝化主要有前处理、建浴、钝化、漂洗、中和、干燥等工序。

海洋酸化的根源与危害

海洋为我们提供了大量的生物、矿物及海水等资源（如图 3-12），并且通过大量吸收大气中的二氧化碳，减缓了大气中二氧化碳急剧增加的趋势。海洋在全球碳循环中起着极其重要的作用，它吸收了人类排放的二氧化碳总量的约四分之一，每年吸

图 3-12　美丽的海底世界

收的二氧化碳大约有 80 亿吨。大气中不断增加的二氧化碳溶于海水形成的大量碳酸已导致海洋 pH 下降了约 0.1，这表示海洋的酸度增加了 30%。如果当前二氧化碳的排放速度持续下去，到 21 世纪末，海洋的 pH 可能再降 0.3，酸度几乎增加 1 倍，人类将面临海洋的酸化。

海洋中的碳酸盐能降低二氧化碳溶解所带来的影响，然而二氧化碳的不断溶解，改变了海水中二氧化碳与碳酸盐的动态体系，使得海水中 H_2CO_3、CO_2、H^+ 和 HCO_3^- 浓度增加。增加的 H^+ 可与海水中的 CO_3^{2-} 作用形成 HCO_3^-，造成 CO_3^{2-} 浓度降低，即海洋中碳酸盐的不断溶解。也就是说，海洋的酸化将腐蚀海洋生物的身体，因为海洋中钙藻、珊瑚、甲壳动物等的主要成分为碳酸盐。有人预测，如果酸化严重，珊瑚有可能在 21 世纪末消失。海洋的酸化可使一些软体动物直接受到腐蚀，导致部分动物的神经系统受到影响，进而使它们的生存受到严重的威胁。海洋酸化也会导致一些动物的生殖系统受到影响，这将慢慢导致物种的消亡。海洋的酸化还会导致海底矿物的溶解，使得一些重金属离子进入海洋动植物体内，进而威胁人类的健康与生存。因此，海洋的酸化使海洋化学环境稳定性被破坏，相关生态系统正面临着巨大的考验。

海洋是地球生物的起源地，海洋的酸化将带来一系列生态系统问题，甚至可能对全球的气候产生影响。而大气中二氧化碳的增加主要源于化石燃料的使用以及土地利用变化，影响植物吸收所产生的二氧化碳。因此，防止海洋酸化的有效方法就是减少二氧化碳排放。

牙齿的酸蚀

人的牙齿（如图3-13）由牙釉质、牙本质、牙骨质这三种硬组织和一种软组织——牙髓构成。牙釉质覆盖于牙冠表面，是牙体组织中高度钙化的最坚硬的部分。外层的牙釉质暴露在口腔环境中，在咀嚼过程中直接与食物接触，承受咀嚼引起的磨损和酸性物质的腐蚀。牙釉质主要由羟基磷灰石

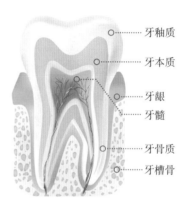

图3-13　人的牙齿结构

牙釉质——牙釉质
牙本质——牙本质
牙龈——牙龈
牙髓——牙髓
牙骨质——牙骨质
牙槽骨——牙槽骨

$[Ca_{10}(PO_4)_6(OH)_2]$等磷酸盐组成，它们极难溶于水。但在牙釉质表面存在极少量的Ca^{2+}、PO_4^{3-}、OH^-等离子，这些离子可从牙釉质表面的溶液中通过相互作用回到坚硬的牙釉质表面，保持着一种动态平衡状态，使牙齿不会出现明显的损伤。当酸性物质进入口腔时，H^+将与OH^-、PO_4^{3-}结合，使OH^-、PO_4^{3-}浓度降低；或者当与Ca^{2+}结合能力强的物质如柠檬酸等进入口腔时，其也会使Ca^{2+}浓度降低，导致牙釉质表面的OH^-、PO_4^{3-}或Ca^{2+}不断离开牙釉质进入口腔溶液，使牙齿发生损伤，即使牙釉质发生了酸蚀。显然，牙釉质酸蚀的发生，会导致牙齿表面硬组织永久性丧失，从而降低牙齿的机械强度和耐磨性。如果牙釉质的酸蚀现象没有被及时控制，随着酸蚀程度加重，往往还会诱发牙齿内

部受损，甚至可能造成牙齿折断、牙齿早失，给患者的生活带来不便，加重患者的心理负担。

怎么防控牙齿的酸蚀呢？通常可采用以下方法：降低内源性酸对牙齿的腐蚀，避免胃酸进入口腔；减少外源性酸摄入次数和频率，不要将酸性饮料长时间含在口中；避免吃糖过多，因为糖在唾液酶的作用下可生成酸性物质；饮用酸性饮料后及时用清水或苏打水漱口，使口腔环境回归中性；使用正确的刷牙方法并控制力度，选用柔软的牙刷和不含有粗糙颗粒的牙膏，以减少对牙齿表面唾液吸附膜和软化层的破坏；使用含氟牙膏，此类牙膏中的 F^- 能和 Ca^{2+}、PO_4^{3-} 反应生成更难溶的 $Ca_{10}(PO_4)_6F_2$，提高牙齿抵抗酸蚀的能力。

人体体液的酸碱性

人体内的各种体液都具有一定的酸碱性，这是维持人正常生理活动的重要条件之一。例如，人体血液的正常 pH 范围是 7.35～7.45，低于 7.35 会引起酸中毒，高于 7.45 会引起碱中毒；人体皮肤的 pH 一般在 6.0 左右，高于此值表示皮肤的抗病能力会降低。研究表明人体细胞的功能受体液环境的影响，如果体液的 pH 不能维持在一定的范围内，各种酶将无法正常发挥作用，进而导致细胞的生理功能也无法正常运行。人体内各种体液的 pH 范围如表 3-1 所示。

表 3-1　人体各种体液的 pH 范围

体液	pH
唾液	6.4 ～ 6.9
胃液	1.2 ～ 3.0
肠液	7.7
胰液	7.8 ～ 8.0
胆液	7.8
尿	4.8 ～ 8.0
乳	6.8
血液	7.35 ～ 7.45
脑脊液	7.4
眼球内水样	7.2

从表 3-1 可看出，人体胃液的 pH 通常为 1.2 ～ 3.0，这种酸性较强的环境能够杀死细菌，充分发挥胃蛋白酶的作用，促进食物中的蛋白质分解。

体液中的酸碱性物质来自哪里呢？体内酸性物质主要来源于糖类、脂肪、蛋白质及核酸代谢产生的二氧化碳，一些有机酸如乳酸、尿酸等，在代谢过程中会有氨产生。尽管经常有酸性、碱性物质进入体液，但体液的 pH 并没有发生显著变化，这是因为人体通过肺和肾不断地排出过多的酸性和碱性物质，且体液中存在 H_2CO_3 / HCO_3^-、$H_2PO_4^- / HPO_4^{2-}$ 等物质，即使少量的酸性或碱性物质进入体液，人体也会借助这些物质调节体液中 H^+ 的浓度，

并使 H^+ 的浓度基本保持不变，从而保持体液的酸碱性稳定。可见，预防人体酸碱平衡失调的措施有：重视肺和肾的保养，使其保持良好的状态；养成良好的饮食习惯，注意饮食均衡；慎用可导致血液中酸性或碱性物质增加，或有损肾、肺功能的药物。

链接

pH 计

pH 计又叫酸度计（如图 3-14），最早是由美国的贝克曼在 1934 年设计制造的，是一种专门用来精确测量溶液 pH 的仪器。利用 pH 计可直接、快速测定溶液的 pH。若将 pH 计与电脑连接，也可实时绘制酸碱中和反应时的曲线。pH 计的发明为快速测定某未知溶液中氢离子或氢氧根离子浓度带来了便利。

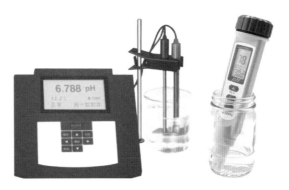

图 3-14　台式 pH 计与便携式 pH 计

纯碱与肥皂的去污原理

纯碱是碱吗？其实它不是碱，而是盐。纯碱（如图 3-15）的成分为碳酸钠（Na_2CO_3），属于碳酸盐。为何称其为纯碱呢？这是因为碳酸钠溶于水时会有少量的碳酸钠与水反应生成碳酸氢钠和氢氧化钠，即碳酸钠溶液中主要成分仍是碳酸钠，但因存在少量的碳酸氢钠和氢

图 3-15　纯碱

氧化钠，溶液呈碱性，pH 大于 7。若在碳酸钠溶液中滴入酚酞，溶液显红色。纯碱常用于去油污，这是由于油污（油脂）能够在碱性条件下发生反应生成高级脂肪酸钠，且高级脂肪酸钠可溶于水。而且，纯碱溶液在加热条件下氢氧根离子浓度增大，去污能力增强。那么，为何去油污时一般不直接用氢氧化钠呢？这是因为氢氧化钠对皮肤、织物有很强的腐蚀性。

肥皂有多个品种（如图 3-16），如透明皂、香皂、药皂和液体皂等，能溶于水，水溶液呈碱性，有洗涤去污作用。肥皂是高级脂肪酸盐的总称。工业上由油脂在加

图 3-16　固体皂和液体皂

热条件下与氢氧化钠发生皂化反应而得到肥皂。我们日常食用的动物油、花生油、豆油等都是油脂。在室温条件下，植物油通常呈液态，叫作油；动物油通常呈固态，叫作脂肪；两者统称为油脂。肥皂的成分为高级脂肪酸钠盐（或高级脂肪酸钾盐）、合成色素、合成香料、防腐剂、抗氧化剂、发泡剂、硬化剂、表面活性剂等。肥皂的去污原理与纯碱一样吗？其实肥皂与纯碱的去污原理根本不一样。肥皂溶于水时，高级脂肪酸钠电离为钠离子和高级脂肪酸根离子（$RCOO^-$）。$RCOO^-$可看成由憎水基团（—R，其中的碳原子数范围通常为 10 ～ 18 个，如硬脂酸钠 $C_{17}H_{35}COONa$）和亲水基团（—COO^-）组成。洗涤时，憎水基团难溶于水，却易插入油污中（亲油），而亲水基团一端易插入水中，在搓揉等外力的作用下油脂会离开织物被水带走。其基本原理如图 3-17 所示。因此，若用含钙、镁离子较多的水来洗衣服，会形成难溶的高级脂肪酸钙或高级脂肪酸镁，导致肥皂的去污能力下降。

图 3-17　肥皂去污原理示意图

洗衣粉（如图 3-18）也是家庭常用的洗涤剂。它的活性成分为烷基苯磺酸钠（$RC_6H_4SO_3Na$）或仲烷烃磺酸盐等，其辅助成分包括助剂、泡沫促进剂和填料等，去污原理与肥皂相类似，都可表示为：织物·污垢＋洗涤剂→织物＋污垢·洗涤剂。人们根据特定需要制成各种类型的洗衣粉，如加酶洗衣粉、加香洗衣粉等。酶是一种生物制品，无毒且能完全被生物降解。酶作为洗涤剂的助剂，具有专一性，如蛋白酶往往只对蛋白质有效。洗涤剂中的复合酶能将

图 3-18 洗衣粉

污垢中的蛋白质、淀粉等较难去除的成分转化为易溶于水的化合物，提高了洗涤剂的洗涤效果。

碱石灰在救生中大显身手

在潜水器（如图 3-19）、矿井可移动救生舱（如图 3-20）、航天器等有限的作业空间内，往往都要安装二氧化碳吸收装置，这是为什么呢？

在类似密封舱的有限作业空间中，人员的生存需考虑舱内气压、

图 3-19 "蛟龙号"潜水器

温度、湿度、氧气和二氧化碳的含量等因素。其中，密封舱内二氧化碳的浓度是关键因素之一。由于人员呼吸、设备的运行等都

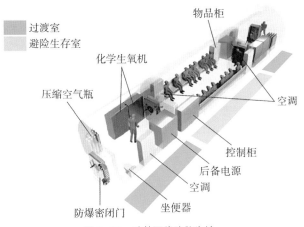

图 3-20　矿井可移动救生舱

会产生二氧化碳，如果二氧化碳得不到有效的处理，浓度过高时将威胁人员的生存。表 3-2 给出了人体在不同浓度的二氧化碳下的反应。从表中可以看出：当浓度高于 0.1％时，人就会感到不适；达到 5％时，人就有生命危险。而一般情况下，空气中的二氧化碳浓度为 0.03％。

表 3-2　不同 CO_2 浓度下人体的反应

密封空间 CO_2 的浓度	人体反应
0.1％	感到不适
1％	头昏，乏力，思维迟钝
2％	呼吸频率增加，脉搏加快，嗜睡，哈欠不断
3％	人体出现中毒症状，中枢神经机能开始下降
5％	呼吸仅能维持 30 分钟

　　二氧化碳吸收装置盛放的是什么物质呢？由于二氧化碳是酸性气体，因此要吸收二氧化碳就得盛放碱性物质，如碱石灰、氢

氧化锂等。碱石灰的主要成分为生石灰(或氢氧化钙)和氢氧化钠。矿井可移动救生舱所用的空气净化一体机原理如图 3-21。发生的主要化学反应为：

$$CaO + H_2O = Ca(OH)_2$$

$$Ca(OH)_2 + CO_2 = CaCO_3 + H_2O$$

$$2NaOH + CO_2 = Na_2CO_3 + H_2O$$

$$Na_2CO_3 + CO_2 + H_2O = 2NaHCO_3$$

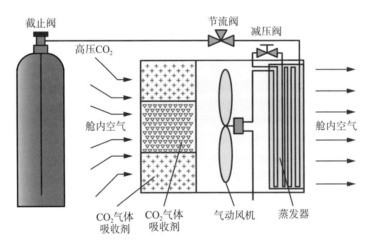

图 3-21　矿井可移动救生舱所用的空气净化一体机原理图

　　利用碱石灰吸收二氧化碳的方法优点是：成本低廉，系统简单，易于操作。但其吸收率较低，每千克碱石灰大约仅能吸收 0.4 千克二氧化碳气体。可见，若需在密封舱中工作较长时间，则需携带的碱石灰的量就比较多，额外占用密封舱的空间就比较大。碱石灰的吸收效率明显受环境温度、环境湿度制约：温度越高、湿度越低，其吸收效果越好，反之则吸收效果变差。当环境湿度较大时，碱石灰往往也会吸湿凝聚成一团，严重阻碍自身对二氧化碳气体的吸收。

除碱石灰外，人们还常用氢氧化锂（LiOH）吸收二氧化碳。其吸收二氧化碳的化学方程式如下：

$$2LiOH + CO_2 \xlongequal{\quad} Li_2CO_3 + H_2O$$

与碱石灰相比，每千克氢氧化锂大约可吸收 0.8 千克二氧化碳，是碱石灰吸收量的 2 倍左右。一些常见碱吸收二氧化碳的能力如表 3-3。

表 3-3　常见碱吸收 CO_2 的能力

化合物	化学式	吸收 CO_2 能力理论值（g/100g）
氢氧化锂	LiOH	80.0
氢氧化钠	NaOH	55.0
氢氧化钾	KOH	39.3
氢氧化镁	$Mg(OH)_2$	75.9
氢氧化钙	$Ca(OH)_2$	59.5
氢氧化钡	$Ba(OH)_2$	25.7

从表 3-3 可看出，吸收二氧化碳能力最强的是氢氧化锂，比较强的还有氢氧化镁、氢氧化钙和氢氧化钠。因此，救生舱或潜水器中常用的碱性吸收剂为氢氧化锂和碱石灰。除了用碱脱除二氧化碳这种方法外，常用的方法还有吸附法、膜分离法及离子液体吸收法等，但考虑到人员生活或生存空间的局限性，综合考虑脱除二氧化碳性能的可靠性、经济性等多重因素，碱性物质往往成为救生舱或潜水器设计的首选产品。随着技术的发展，未来或许会出现脱除二氧化碳更合适的替代物。

松花蛋的制作

松花蛋（如图3-22）又叫皮蛋、变蛋等，是一种由碱腌制而成的、具有中国传统风味的蛋制品。松花蛋色泽美观、光泽透亮、风味独特、营养丰富，且具有去火、治泻痢的功效，因而深受广大消费者的喜爱。

松花蛋以新鲜禽蛋为原料，在碱液中通过蛋白质变性而制成。加工时，

图 3-22　松花蛋

将石灰、纯碱、食盐等按一定的比例混合，再加上泥和糠，将其裹在禽蛋外面，或将蛋浸泡其中，大约存放两个星期后，美味可口的松花蛋就制成了。早期的松花蛋加工过程使用氧化铅，因铅对人体健康有害，逐渐被含有铜、锌、铁或锰等离子的无机盐或氧化物代替。也可用氢氧化钠直接代替石灰和纯碱来进行腌制。将鲜蛋加工成松花蛋的过程其实发生了很复杂的化学反应。在石灰纯碱法配制过程中，石灰首先与水反应生成熟石灰，熟石灰与纯碱反应生成氢氧化钠，形成一个碱性的环境。该反应的化学方程式主要为：

$$CaO + H_2O \Longrightarrow Ca(OH)_2$$

$$Ca(OH)_2 + Na_2CO_3 \Longrightarrow CaCO_3 \downarrow + 2NaOH$$

松花蛋腌制成熟主要经历4个阶段：化清、凝固、转色、成

熟。腌制时，氢氧化钠会通过蛋壳孔和蛋膜慢慢向蛋黄内渗透，并与蛋白质发生作用，蛋白质慢慢凝固，也有一部分蛋白质降解，生成肽和氨基酸；一部分氨基酸可与渗入的氢氧化钠发生中和反应，另一部分会进一步分解产生氨和微量的硫化氢（H_2S）。在松花蛋的腌制过程中，加入硫酸铜、硫酸锌是通过形成沉淀物［如 $Cu(OH)_2$、$Zn(OH)_2$ 等］堵塞蛋壳孔来控制氢氧化钠的渗入量，保证松花蛋的成熟与品质。相应的化学方程式如下：

$$CuSO_4 + 2NaOH = Cu(OH)_2\downarrow + Na_2SO_4$$
$$ZnSO_4 + 2NaOH = Zn(OH)_2\downarrow + Na_2SO_4$$

成熟后的松花蛋蛋白呈棕褐色或绿褐色凝胶体，蛋黄呈深浅不同的墨绿、草绿、茶色的凝固体，蛋白凝胶体内有松针状的结晶花纹，俗称松花，给人带来视觉美感。这种漂亮的松花也给产品赋予了极大的特色，是一种消费者喜爱的质量标志。这种松花的化学成分为氢氧化镁的水合物。

另外，腌制过程中的温度、时间对松花蛋凝胶的形成、口味等有重要的作用，否则会造成味道苦涩、蛋黄发硬等品质问题。松花蛋的蛋黄中有一部分蛋白质变成了氨基酸，吃起来比普通蛋的蛋黄鲜得多；蛋白有一定的硬度，色彩鲜艳。因此，松花蛋常在烹饪中用于冷肴花式拼盘和造型。松花蛋中含有少量碱，不宜多吃，建议在食用时加点食醋。醋既能杀菌，又能中和松花蛋中的碱，使其吃起来味道更好。

第4章

碳的氧化物

雪碧、可乐等碳酸饮料的制备以及温室效应的产生都与二氧化碳有着直接的联系。二氧化碳、一氧化碳都是重要的碳氧化物，分别主要来源于煤、石油等含碳物质的完全燃烧与不完全燃烧。碳氧化物的大量排放将带来严重的环境问题，因此对碳氧化物的综合利用是解决环境问题及能源问题的有效途径。

图 4-1　燃煤电厂每天排放出大量二氧化碳气体

隐形杀手——一氧化碳

媒体时有关于煤气中毒事件的报道，尤其在冬天，由于气温低，门窗紧闭，室内通风不良，燃气或煤炭无法完全燃烧，致使室内一氧化碳气体浓度增大，从而引发煤气中毒事件。煤气中毒本质上是一氧化碳中毒，它是指一氧化碳气体经过呼吸道进入人体血液而产生的中毒现象。一氧化碳气体在进入人体血液后可立即与血红蛋白结合形成碳氧血红蛋白（HbCO）。由于一氧化碳与血红蛋白的亲和力比氧与血红蛋白的亲和力高 200 ～ 300 倍，因此，一氧化碳的结合会使得血红蛋白丧失或降低携氧的能力，造成人体组织缺氧，其严重程度与血液中碳氧血红蛋白的浓度有关。轻度中毒者有头痛、无力、眩晕等症状；中度中毒者有恶心、呕吐、意识模糊、虚脱等症状；重度中毒者则深度昏迷、各种反射消失、呼吸急促，不及时抢救会很快死亡。所以，一旦发现有人一氧化碳中毒，应及时将人移至新鲜空气充足的地方，并及时送医院诊治。

一氧化碳中毒多见于煤、燃气的不完全燃烧。由于一氧化碳是一种无色、无味的气体，这个"隐形杀手"经常被人们所忽视，从而导致一氧化碳中毒事故高发。其原因是煤或燃气在相对缺氧的环境中燃烧时，燃烧并不充分，多余的碳还会继续与二氧化碳反应，生成一氧化碳气体，其化学方程式为：

$$C + O_2 \xlongequal{点燃} CO_2$$

$$C + CO_2 \xrightarrow{\triangle} 2CO$$
$$2CH_4 + 3O_2 \xrightarrow{\text{点燃}} 2CO + 4H_2O$$

为了防止一氧化碳中毒事件的发生，在使用燃气热水器时，要注意通风，确保室内空气流通，避免一氧化碳气体的产生；在用煤气热水器时，应注意防止煤气（主要为 CO、H_2 的混合气体）泄漏。

在有可能产生一氧化碳的地方安装一氧化碳报警器（如图 4-2）是一种保障人身安全的好方法。一氧化碳报警器是专门用来检测空气中一氧化碳浓度的装置，能在空气中一氧化碳浓度超标的时候及时报警。当你在家里使用煤气时，如果感到有气味臭不可闻，小心点，很可能是煤气泄漏了，此时要立即开窗、开门通风，暂停煤气的使用，检查一下哪里漏气了。这"臭东西"的化学名叫硫醇，是煤气厂在生产煤气时往其中添加的加臭剂，它可以警示我们家里发生煤气泄漏了。

图 4-2　一氧化碳报警器

净化汽车尾气

　　汽车已成为人们出行的重要代步工具。据公安部统计，截至2021年底，全国机动车保有量达3.95亿辆，比上年末增加2350万辆。机动车既给人们的出行和运输带来了方便，提高了

图4-3　汽车尾气

生活质量，也给环境带来了严重的污染。我们常常会看到，在车水马龙的大街上，一股股烟气从一辆辆汽车尾部喷出，这就是通常人们所说的汽车尾气（如图4-3）。汽车尾气不仅有刺激性气味，而且会令人头昏、恶心，影响人的身体健康。汽车尾气主要由固体悬浮微粒、二氧化碳、一氧化碳、氮氧化物（NO_x）及碳氢化合物等构成，其中一氧化碳、氮氧化物所占比例相当高。一氧化碳对人体的危害是众所周知的，而氮氧化物对环境的危害主要表现在它所造成的臭氧层空洞效应、酸雨、温室效应和光化学烟雾四大环境问题。

　　一氧化碳是汽车燃油不完全燃烧的产物，主要在局部缺氧或低温条件下燃油不能完全燃烧时产生，混在内燃机废气中排出。当汽车负重过大、慢速行驶或空挡运转时，燃油不能充分燃烧，

废气中一氧化碳的含量会明显增加。

氮氧化物是指由于燃油中含氮化合物的燃烧及空气中的氮气和氧气发生化学反应而形成的多种含氮氧化物。氮氧化物的排放量取决于燃烧温度、时间及空气燃料比等多个因素。燃烧过程排放的氮氧化物中，95％以上是一氧化氮（NO），其余是二氧化氮（NO_2）。一氧化氮在空气中很容易被氧气氧化为二氧化氮，而二氧化氮是一种对人体呼吸道有强烈刺激的红棕色有毒气体，易引发支气管炎、肺水肿等疾病。

尽管碳氢化合物在汽车尾气中含量不高，但碳氢化合物与氮氧化物在太阳光紫外线作用下，会产生一种具有刺激性的浅蓝色烟雾，其中包括臭氧、醛类等多种复杂化合物。这种光化学烟雾会使人眼睛发红，咽喉疼痛，呼吸憋闷，头昏，头痛。这种烟雾不仅影响人类健康与生命，对动植物、建筑物等也带来巨大的负面影响。

为了减小汽车尾气对环境的影响，20 世纪 70 年代初，沃尔沃汽车公司的斯蒂芬·沃尔曼开发了三元催化转化器（如图 4-4）。该装置安装在汽车的排气系统内，其作用是减少发动机排出的大部分废气污染物。三元催化转化器由一个金属外壳、陶瓷格栅基底以及 2 克左右的铑、铂涂层（作为催化剂）组成，可除去碳氢化合物、一氧化碳和氮氧化物这三种主要污染物质总量的 90％。当尾气经过转化器时，铂催化剂会促使一氧化碳和碳氢化合物氧化生成二氧化碳和水蒸气；铑催化剂会促使氮氧化物被一氧化碳还原为无毒的氮气，一氧化碳则氧化为空气的组分二氧化碳，其对应的化学方程式如下：

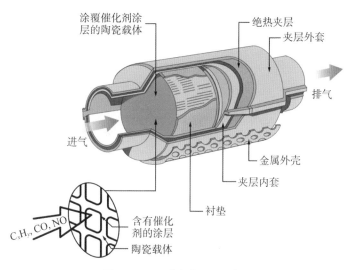

涂覆催化剂涂层的陶瓷载体

绝热夹层

夹层外套

排气

进气

金属外壳

夹层内套

衬垫

C_xH_y, CO, NO

含有催化剂的涂层

陶瓷载体

图 4-4　三元催化转化器示意图

$$C_xH_{2y} + \left(x + \frac{y}{2}\right) O_2 \xrightarrow{\text{催化剂}} xCO_2 + yH_2O$$

$$2CO + O_2 \xrightarrow{\text{催化剂}} 2CO_2$$

$$2CO + 2NO \xrightarrow{\text{催化剂}} N_2 + 2CO_2$$

　　针对日渐恶化的汽车尾气污染现状，各国先后出台了有关汽车尾气排放的法规和标准，对新能源汽车进行了积极的研发，例如开发燃料电池汽车、磁动力新能源汽车、混合动力汽车、氢能源动力汽车和太阳能汽车等，从源头上降低汽车尾气对环境的影响。许多科学家根据一氧化碳、氮氧化物及碳氢化合物的性质，积极开发廉价、高效的催化剂，增强催化剂在低温条件下的活性，以解决汽车冷启动过程中排气的净化问题，让我们的生存环境更加洁净美丽。

化学合成的桥梁

你是否见过这样一种现象：在燃烧得通红的煤上洒少量的水，火苗不但没有灭掉，反而会蹿得更高，并有蓝色火焰产生，原因是什么呢？这是由于炽热的焦炭与水蒸气反应生成一氧化碳和氢气，而一氧化碳、氢气更易燃烧并产生淡蓝色的火焰，其反应的化学方程式为：

$$C + H_2O \xrightarrow{\text{高温}} CO + H_2$$

工业上以煤为原料在高温下与气化剂（如水蒸气、氧气等）作用得到一氧化碳、氢气和甲烷等混合气体，这一加工过程叫作煤的气化，所得的产品叫煤气，煤气的产生可在煤气发生炉中进行。焦炭与水蒸气在高温条件下作用得到的气体主要为一氧化碳和氢气，这一混合气体叫水煤气。显然，水煤气、家庭用的煤气与液化气在成分上存在着明显的差异。液化气即液化石油气，由丁烷、丙烷等混合气体组成。

水煤气除了可作为燃料外，还可用来合成甲醇、甲醛进而合成更多的有机化工产品，如乙酸：

$$CO + 2H_2 \longrightarrow CH_3OH（甲醇）$$

$$CO + H_2 \longrightarrow HCHO（甲醛）$$

$$CO + CH_3OH \longrightarrow CH_3COOH（乙酸）$$

这一类反应的共性是以含一个碳原子的化合物（如一氧化碳、二氧化碳、甲醇等）为原料合成较大分子的化工产品，人们称研究这类催化反应及其应用的科学为碳一化学。这一概念首先由日本科学家在 20 世纪 70 年代提出，随后世界各国的科研人员积极进行了碳一化学的研究、开发与工业应用。碳一化学的核心是选择合适的催化剂，将小分子进行定向转化，其主要目的是节约煤炭和石油资源，用少量碳原料生成更多的清洁燃料和化工产品，例如以煤为原料制得天然气、油、二甲醚及二烯烃等（如图 4-5 ）。

图 4-5　现代煤化工

　　碳一化学的基干物质是 CO 和 H_2，它们可从煤炭、天然气、石油加工过程甚至炼厂废气中获得，由此可见，碳一化学实际上就是一种新一代的煤化工和天然气化工，可使许多有机化工产品从依赖石油转变为依赖煤、天然气。由于我国煤炭资源丰富，通过对煤的深加工，发展以一氧化碳、甲醇为基础的碳一化学，可以实现资源、能源、环保的高度统一，推进化工产业绿色化发展。

 ?

　　　　天然气、煤气与水煤气都是可燃性气体，它们在组成上有哪些区别？

红砖、青砖的生产

砖是常见的建筑材料。我国在春秋战国时期就已陆续创制了方形砖和长形砖，秦汉时期制砖的技术、生产规模、质量和花式品种都有显著发展，后世称"秦砖汉瓦"。砖可用于铺路、砌墙（如图 4-6）等，目前分为烧结砖（主要指黏土砖）和非烧结砖（灰砂砖、粉煤灰砖等）两种类型。烧结砖经泥料处理、成形、干燥和焙烧等工序制成。非烧结砖一般由含钙材料和含硅材料与水拌合后，经压制和处理制成。为改进普通黏土砖砖块小、自重大、耗土多等缺点，新型砖正向大块、空心、轻质、高强度的方向发展。

图 4-6　长城

传统砖头依据颜色可分为红砖（如图 4-7）和青砖（如图 4-8）等。一般来说，青砖较红砖结实，耐碱性能好，耐久性强，但价格较红砖贵。

图4-7　红砖特色民房　　　　　　图4-8　青砖房

　　制造红砖和青砖所用的黏土是一样的，但烧结之后得到的砖却具有不同的颜色。这是由于红砖与青砖的烧制工艺不同。砖的颜色不同，说明砖的化学成分不同。砖的主要材料——黏土中含有二价铁盐，而二价铁盐的性质不稳定，在空气中很容易被氧化成三价铁。在红砖烧制过程中，一般以煤为燃料，用大火将砖坯里外烧透，然后熄火，使窑和砖自然冷却。由于红砖窑上部敞开，窑中空气流通，氧气充足，砖坯中的铁元素被氧化成三氧化二铁。因三氧化二铁是红色的，砖也呈红色。烧制青砖则要比烧制红砖多一道工序，即待砖坯烧透后，封窑，从上往下向砖窑淋水，此时，由于窑内温度很高，水很快变成水蒸气，煤与水蒸气在高温条件下反应生成 CO 和 H_2 等还原性气体，砖中的三氧化二铁便被 CO、H_2 还原成氧化亚铁，并存在于砖中。由于氧化亚铁是黑色的，因此这类砖就会呈青色或灰色。具体的化学方程式可表示为：

$$C + H_2O \xrightarrow{\text{高温}} CO + H_2$$

$$Fe_2O_3 + CO \xrightarrow{\text{高温}} 2FeO + CO_2$$

$$Fe_2O_3 + H_2 \xrightarrow{\text{高温}} 2FeO + H_2O$$

干冰及其用途

　　我们经常在电视节目或演出中看到白雾溢满整个演出舞台，呈现出宛如仙境的奇妙效果（如图4-9）。产生这种效果所用的原料是什么？其实，这里所用的原料是干冰。干冰（如图4-10）就是固态的二氧化碳，外形分为雪花粉状和晶体块状两种，外观与冰相似，是二氧化碳在高压下先冷凝液化，再经干冰压缩机压缩而制成的。制造干冰，需用高纯度的二氧化碳。如果二氧化碳中混有空气，则干冰冰块会有裂缝；如果原料气中混有水分，输送二氧化碳的管道则会堵塞。我国二氧化碳资源十分丰富，发电厂、钢铁厂、水泥厂等工厂大量排放的烟气中，含有12%～30%的高浓度二氧化碳，这些排放烟气经吸收法、吸附法、深冷分离法和膜分离法等化学、物理方法分离浓缩后，可获得高纯度的二氧化碳。

图 4-9　仙境般的舞台

图 4-10　干冰

　　营造舞台氛围　舞台周围的干冰升华，会制造出神奇"云海"，若配上灯光，就更加绚丽多彩，增强了艺术感染力。其原理是二氧化碳升华时要大量吸收周围空气中的热量，使得周围空气温度降低，水蒸气发生液化形成小液滴，这些小液滴分散在空气中就形成了白雾。

做制冷剂　干冰易升华，熔点为－78℃，是一种安全理想的制冷剂。其最大特点是吸热升华时不留痕迹，不会浸湿产品，无毒，不会造成二次污染，这是冰所无法替代的。干冰可广泛应用于果蔬、海产品、鲜肉制品等的保鲜、保存及运输。干冰作为果蔬的保鲜剂，能通过抑制果蔬的呼吸、表皮病菌的繁殖来达到保鲜的目的。

做清洗剂　干冰清洗设备（如图 4-11）通常由干冰生产设备和干冰喷射机两部分组成。清洗物体时，干冰喷射机将直径为数毫米的干冰颗粒以高速喷射到物体表面，

图 4-11　工人用干冰清洗设备

所产生的冲击动能瞬间使干冰颗粒升华。干冰在这个过程中吸收许多热量，导致物体表面发生剧烈的热交换，迫使附着物骤冷、脆化、龟裂；而由于附着物和基底材料具有不同的膨胀系数，物体表层与内部的温度差将破坏附着物和基底材料间的结合，前者瞬间的快速收缩能够撕开非结构性连接；同时，干冰颗粒钻进附着物裂缝后在千分之几秒的升华过程中体积骤增 800 倍左右，这样就在冲击点造成"微型爆炸"，从而使得附着物脱离物体，不会

对所清洗物体产生损伤。干冰清洗技术广泛应用于电力、印刷、汽车、食品、医疗等领域，从溶渣清除，到半导体元件和印刷线路板的清洗，干冰清洗技术提高了清洗效率和生产效益。

大棚内为何要施二氧化碳气肥

大棚种植（如图4-12）是现代农业常用的一种技术，它让我们一年四季都能品尝到各种蔬菜，如冬季里我们能够得到西红柿、茄子等各类原在夏季出产的蔬菜，为提升农产品的

图4-12 蔬菜大棚

品质和产量发挥了积极的作用。大棚内可形成一个相对稳定的温室环境，温度、湿度、二氧化碳浓度及光照等因素将影响大棚种植的效果。绿色植物在光合作用时发生下列反应：

$$6CO_2 + 6H_2O \xrightarrow{\text{光照}} C_6H_{12}O_6 + 6O_2$$

可见，一定的湿度和适宜的二氧化碳浓度是绿色植物进行光合作用不可缺少的条件，碳水化合物是光合作用的产物。由于大棚种植往往要保温，所以大棚经常处于封闭状态，内外气体交换

少。在中午前后，阳光充足，植物光合速率增强，此时棚内二氧化碳浓度处于较低值，可能无法满足光合作用的需要，长期处于这种环境的话，农作物就会出现长势弱、茎秆细、叶子黄、果实小等现象，影响农业生产的质量和产量。因此，大棚内二氧化碳浓度是影响农作物光合作用的重要因素之一。其实，像小麦、薯类、豆类、水稻等多数作物对二氧化碳的需求大，比空气中的二氧化碳浓度高 1～4 倍才能满足。有研究者在塑料大棚内试验种水稻，当空气中的二氧化碳体积分数从 0.03％ 增加到 0.24％ 时，水稻产量增加了近 1 倍，可见适当增加二氧化碳的浓度可提高农作物的产量。在作物生长发育的旺盛期，定量的二氧化碳对农作物也能起到如高效化学肥料一样的功能和作用，因此，其也被人们称作二氧化碳气肥。当然，并不是说二氧化碳浓度越高就越好，当二氧化碳浓度过高时，植物可能会出现中毒现象，反而影响植物的正常生长。

二氧化碳气肥如何获得？通常有下列几种方法：

一是通过化学反应来制得。选用的原料为稀硫酸和碳酸氢铵，将两者混合即可获得二氧化碳和硫酸铵，后者又可作为化肥。其特点是操作简单，原料易得，成本较低。

二是将二氧化碳压缩在高压钢瓶里，使用时将装有二氧化碳的钢瓶置于大棚的合适位置，通过减压阀用塑料软管把二氧化碳气体输送到作物能充分利用的部位。其特点是操作简便，浓度易控制，但价格较高。

三是通过燃烧制二氧化碳气肥，将燃油燃烧产生的二氧化碳气体经处理后导入大棚内。其特点是燃烧产生的热量可以增加大棚内温度，适合寒冷地区使用。缺点是成本较高，经济性差。

四是将二氧化碳固体颗粒与土混匀并保持混肥层疏松，但施用时不能靠近蔬菜的根部，施用后不能用大水漫灌，否则会影响二氧化碳的释放，降低固体气肥施用的效果。该气肥使用方式方便、安全。

在农业生产中，一般要在作物具有一定枝叶量时开始使用气肥，施用关键期是花芽分化期和果实膨大期，这两个时期作物的光合作用最强，也是二氧化碳短缺较严重的阶段。

碳的捕集与封存

随着社会经济的发展，化石燃料燃烧所导致的空气污染和温室效应已严重威胁人类赖以生存的地球环境。据统计，引起全球气候变暖的二氧化碳、甲烷、氧化亚氮、氢氟烃四类气体中，二氧化碳对温室效应产生所起的作用约占 60%，而全世界每年向大气排放的二氧化碳总量有 300 多亿吨，这一排放量已经超过了大自然自身的平衡能力，减少二氧化碳排放已成为各国共同面临的重大挑战。

为了减少二氧化碳排放，二氧化碳捕集与封存（CCS）技术应运而生。它是指从工业或者所产生的废气中将二氧化碳分离出来，并加以利用或输送到一个封存地点长期与大气隔绝的技术。目前，我国在鄂尔多斯已建成首个碳捕集与封存基地（如图4-13）。国内外碳捕集主要有燃烧前捕集、富氧燃烧和燃烧后捕集三种方式。

图4-13　在位于鄂尔多斯的中国神华煤制油化工有限公司二氧化碳捕集与封存（CCS）示范项目现场，工作人员将液态二氧化碳注入缓冲罐内。神华集团建成的国内首套全流程二氧化碳捕集与封存装置，可对工业排放的大量二氧化碳进行捕集、提纯、压缩、液化，并将其注入地下1000米至3000米的岩层封存

　　燃烧前捕集是在燃料燃烧前便对其中所含的碳进行捕集。先使化石燃料转化为一氧化碳和氢气，再在一定条件下促使一氧化碳与水反应转化为二氧化碳和氢气，然后将二氧化碳从混合气体中捕集并分离，剩下氢气作为燃料。该技术具有捕集系统小、能耗低、捕集效率高等优点。

　　富氧燃烧是指化石燃料在高浓度的氧气中进行燃烧，生成二氧化碳和水，所得产物经干燥、压缩、脱硫等过程可产生高纯度的二氧化碳。该技术具有能源利用率高，二氧化碳分离过程简单等优势，但纯氧是由空气低温分离或膜分离获得的，能耗大，富氧燃烧捕集成本较高。

燃烧后捕集是指在燃料燃烧所排放的烟气中捕集二氧化碳（如图 4-14）。该技术适用于低浓度二氧化碳的捕集，应用范围广。其主要分离方法有化学吸附法、物理吸附法、膜分离法等。该技术的主要优点是适用范围广，原理简单，在技术应用上较为成熟。但它也存在捕集系统大、能耗高等缺点，目前没有在生产实践中大规模应用。

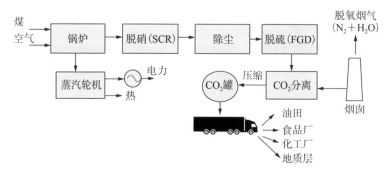

图 4-14 燃煤电站燃烧后二氧化碳捕集系统流程

捕集的二氧化碳需运输到合适的地方进行封存，可以使用汽车、火车、轮船以及管道来进行运输，管道通常是最经济的运输方式。二氧化碳封存技术包括陆地封存和海洋封存，但海洋封存技术尚处于研究阶段。目前，封存项目主要集中在北美，且多为陆地封存项目，多数封存项目是将二氧化碳注入地下来提高油气采收率。

地质封存是将超临界状态（气态及液态的混合体）的二氧化

碳注入地层中的自然空隙，这是目前最经济、最可靠的实用技术。这些地层按地质结构分类，可以是油田、气田、盐水层、无法开采的煤层等（如图 4-15）。封存深度一般为 800 米左右，该深度的温度、压强条件可使二氧化碳处于高密度的液态或超临界状态。

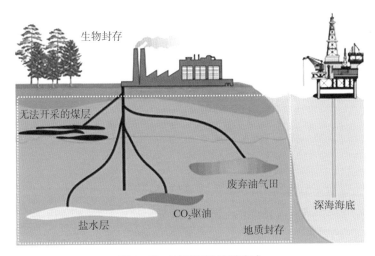

图 4-15　二氧化碳封存的方式

　　深海封存是将二氧化碳通过轮船或固定管道运输到深海海底进行封存（如图 4-15）。通常，一种方法是将二氧化碳通入 1000 米以下的海水中，使其溶解并成为自然界碳循环的一部分；另一种方法是将二氧化碳注入 3000 米以下的深海中，二氧化碳的密度大于海水，会在海底形成液态的二氧化碳湖，因此这种方法能够延缓二氧化碳分解到环境中。但这种技术仍处于研究阶段，没有经过全面测试及环评试验。

　　二氧化碳封存存在潜在的环境风险。注入地底下的二氧化碳如果发生规模性泄漏，可能会造成二氧化碳和盐水进入蓄水层，影响地下水，给饮用水带来污染。如果二氧化碳泄漏到大气中，可能会引发显著的气候变化。此外，将二氧化碳注入海水或在海底促进液态二氧化碳湖的形成将会造成海洋局部酸化，并导致海洋生物的死亡，产生一系列生态系统的灾难。

二氧化碳与泡沫材料

面包（如图 4-16）是大家都非常熟悉的一种食品。这种食品一般以麦粉为主要原料，以酵母、鸡蛋、油脂、糖、盐等辅料制成。制作流程包括：加水调制面团、发酵、等分、成形、醒发、焙烤或水

图 4-16　面包

蒸、冷却等。如果你把面包切开，便可在其切面上看到多孔结构，孔与孔之间可连接，也可不连接，这种多孔结构给人以蓬松柔软的口感。面包内的多孔结构是怎么形成的呢？这是由于在面包加工过程中，面团经酵母发酵产生二氧化碳，二氧化碳气泡分布在面团的面筋里，使面筋变成如海绵状多孔的疏松体。再经过揉面和蒸烤，面团里的二氧化碳受热膨胀，面包自然就会变得疏松多

孔。在我们的生活中也有好多产品，如泡沫塑料、泡沫金属等的制作过程类似于面包的加工，其内部形成的多孔海绵状结构使得这些材料具有一些特殊的性能，从而造福人类。

泡沫塑料　泡沫塑料是由大量气体微孔分散于固体塑料中而形成的一类高分子材料，具有质轻、隔热、吸声、减震等特性。几乎各种塑料均可做成泡沫塑料。利用二氧化碳生产泡沫塑料的方法有两种：（1）机械法。把大量二氧化碳气体通入液态塑料中并搅拌。工业上主要用此法生产脲醛泡沫塑料，这种塑料可用作隔热保温材料或影视剧中的布景材料（如人造雪花）。（2）化学法。将塑料、增塑剂、发泡剂和其他辅助材料一起放入某个模型中，加热，待发泡剂受热分解产生气体后可制成泡沫塑料。许多热塑性塑料均可用此法制成泡沫塑料。常用的发泡剂如碳酸氢钠，受热时可分解产生二氧化碳。

泡沫塑料常用于空调、冷库管道保温，其中聚氨酯泡沫塑料可用于制作直埋管（如图4-17）。此外，泡沫塑料还可在航空航天、交通运输等领域使用，如用于制造卫星太阳能电池的骨架、火箭

图4-17　聚氨酯泡沫塑料直埋管

前端的整流罩等。

泡沫玻璃 泡沫玻璃最早由美国康宁公司发明，是将碎玻璃、发泡剂（碳酸钙或碳化硅等）、发泡促进剂和添加剂等均匀混合，经高温熔化、发泡、退火等步骤而制成的一种玻璃材料。泡沫

图 4-18 泡沫玻璃制品

玻璃具有防潮、防火、防腐的功能，被广泛用于墙体保温、机房降噪、高速公路吸音隔离墙等，是一种绿色环保型绝热材料。图4-18 为泡沫玻璃制品示例。根据泡沫玻璃的用途，主要可分为绝热泡沫玻璃、吸声装饰泡沫玻璃、饰面泡沫玻璃和粒状泡沫玻璃四类产品。

泡沫金属 泡沫金属（如图4-19）指含有泡沫气孔的新型金属材料。常见的泡沫金属有泡沫铝、泡沫镁泡沫金属、泡沫锌等。泡沫金属的生产大多采用熔体发泡法。熔体发泡法一般用氢化物如

图 4-19 泡沫金属

氢化钛、氢化锆等或碳酸盐如碳酸钙、碳酸镁等作为发泡剂，但氢化物发泡剂的价格昂贵，碳酸盐相对价格较低。泡沫金属具有质量小、吸声隔声性能良好、吸能减震性能优异等特点，在一般工业领域及许多高科技领域的应用越来越广泛。

防撞A柱　防撞B柱　尾部防撞
防撞保险杠　侧门防撞

图4-20　泡沫铝用于制造汽车的A柱、B柱、保险杠、发动机支架、各种加强肋、发动机盖板、缓冲器、减震支座等

链接

发泡剂

发泡剂就是使目的材料内部成孔的一类物质。常见的发泡剂有物理发泡剂和化学发泡剂。物理发泡剂往往通过压缩气体的膨胀、液体的挥发或固体的溶解形成气泡。正戊烷、二氯二氟甲烷是常用的物理发泡剂，它们都具有发泡倍数高、泡沫稳定性好等优点。化学发泡剂指经加热分解后释放出二氧化碳或氮气等气体，并在物体内部形成细孔的物质。例如偶氮化合物是有机发泡剂，它受热时产生氮气；碳酸钙、碳酸镁、碳酸氢钠、碳化硅、炭黑等是无机发泡剂，它们在加热或高温下会产生二氧化碳气体。氢化钛、氢化锆、十二烷基硫酸钠等也常用作发泡剂。

第 5 章

一些重要的盐

说到盐，你可能马上联想到我们日常生活中使用的食盐（如图 5-1）。科学上所说的"盐"，是指由金属离子或铵根离子（NH_4^+）与酸根离子组成的化合物。盐是地壳的主要成分，海水中盐类含量高达 35％。盐在生活中更是随处可见，水泥、玻璃、陶瓷……它们的主要成分都是盐。不同种类的盐，其性质和用途也各不相同。

图 5-1 食盐

食盐的开采和利用

食盐是我们非常熟悉的一种盐，它是日常生活中的调味剂，也是重要的化工原料。它可以用来生产氯气、氢气、盐酸、纯碱、烧碱、漂白粉、金属钠等，还可用于玻璃、染料、冶金等工业领域。作为原料的食盐主要来源于海水。

海水中含有各种盐类，其中约80％是氯化钠，也就是食盐，另外还有氯化镁、硫酸镁、碳酸镁及含钾、碘、溴等多种元素的其他盐类。

如果把海水中的盐全部提取出来平铺在陆地上，陆地的厚度可以增加153米；如果把全世界海洋中的水都蒸发掉，海底就会积上60米厚的盐层。

在46亿年前，地球刚刚诞生，那时的海水是淡的。如今海水里这么多的盐是从哪儿来的呢？科学家们把海水和河水加以比较，并研究了雨后的土壤和碎石，得知海水中的盐是由江河通过流水带来的。当雨水降到地面，便向低处汇集，形成小溪流流入江河，一部分水穿过各种地层渗入地下，然后又在其他地段冒出来，最后都流进大海。水在流动过程中，经过各种土壤和岩层，带走它们分解产生的各种盐类物质，再汇入大海。例如，图5-2中的光卤石（$KCl \cdot MgCl_2 \cdot 6H_2O$）溶解在雨水里后流到了江河里，然后跟着水流慢慢地流入海里。这样，海水就变咸变苦了。据科学家估算，每年经过江河流到大海里的盐高达19亿吨。经过不断蒸发，海水中盐的浓度越来越高，而海洋的形成经过了几十亿年，那么海水中含有这么多的盐也就不足为奇了。

不过，有的科学家不同意上述看法。他们认为，海水一开始就是咸的，是先天如此。根据他们的观测研究，

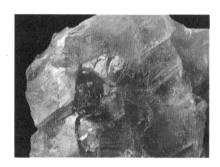

图5-2 光卤石是易溶于水的矿石，是导致海水变苦的原因之一

海水并没有越来越咸，海水中的盐分并没有显著增加，只是在地球的各个地质历史时期，海水中所含盐分的比例是不同的。

还有一些科学家则认为，海水之所以是咸的，是因为不仅大陆上的盐类不断加入海洋，而且海底火山喷发引起的海底岩浆溢出也会导致海洋盐类含量增加。这种说法得到了大多数学者的赞同。

一些科学家指出，尽管海洋中的盐类越来越多，但"物极必反"，随着海水中可溶性盐类不断增加，这些盐会相互反应变成不可溶的化合物沉入海底，久而久之被海底吸收，海洋中的盐含量可能因此保持稳定。

食盐是人们日常生活中不可缺少的一种调味剂。它是保持人体渗透压、酸碱度和水盐代谢平衡的重要物质。此外，它还是医药、化工领域的基础原料，它的使用价值正在不断地被开发出来。

中国是最早人工生产食盐的国家。"盐"字本义是"在器皿中煮卤"。我国第一部系统分析汉字字形和考究字源的字书《说文解字》中写道：天生者称卤，煮成者叫盐。《世本》中有"夙沙氏煮

海为盐"的记载，讲述的是炎帝时期，在山东胶州湾一带，居住
着一个原始部落，部落首领名叫夙沙，是个聪明能干的人。有一
天，夙沙用陶罐打了半罐海水放在火上烧，打算煮鱼吃。突然，
一头野猪从夙沙眼前飞奔而过，夙沙拔腿就追。等他扛着野猪回
来，陶罐里的海水已经烧干，只在罐底留下一层白色的细末。夙
沙好奇地用手指蘸起白色粉末，放进嘴里尝了尝，味道又咸又鲜。
等烤熟野猪肉后，夙沙就抹上白色粉末，美美地吃了起来。那白
色的粉末，便是从海水中熬出来的盐。

　　人们早期制盐采用的方法就是用柴火来煎盐。自明朝起，人
们把用柴火煎盐的方法改为利用阳光晒盐（如图 5-3），这种方法
沿用至今，现又称为"盐田法"。盐田一般分成两部分：蒸发池
和结晶池。人们制盐时，先将海水引入蒸发池，待海水日晒蒸发

图 5-3　海水晒盐

水分到一定程度时，再将其倒入结晶池，继续日晒，由此得到食盐的饱和溶液。饱和溶液再晒就会逐渐析出食盐晶体来。不过这时得到的晶体是我们通常说的粗盐，须精制后才能使用。

在中国内陆，人们还制作生产湖盐和井矿盐，前者的生产过程与海盐类似，而后者则要麻烦得多。

四川自贡被誉为"井盐之乡"，早在宋代，这里制作井盐的技术就已经相当发达了。制作井盐，先要通过打井采集深藏在地下的盐卤。采到盐卤之后，就要将其输送到制盐的场所。输送盐卤的管道是用竹筒制作的，称为笕。将盐卤通过笕输送到制盐场所后，人们再通过燃烧柴草煎煮等工序将其制成盐。北宋庆历年间，四川人发明了绳索冲击式凿井技术（如图5-4），

图5-4 成都博物馆井盐生产模型

凿出数以千计井眼如碗口大的盐井，到了清道光年间，自贡开凿了世界上第一口超过千米的深井。

现代的制盐工艺颠覆了古人的生产传统。如今，在中国的产盐区，无论是海盐，或是内陆的井盐、湖盐，都普遍采用高科技采卤的方式制成，产量比过去提高了许多。其中一种工艺是将滩涂上获得的饱和卤水直接送入蒸发罐中，经三次洗涤后蒸发结晶制得氯化钠，其纯度高于99%。这种制盐方式既节省了晒盐场地，

又可充分利用盐卤中的有效成分，为生产氯化钾、氯化镁等盐化工产品提供原料，达到零排放、无污染、资源综合利用的目的。

食盐是如此重要，以至于有些地名都与盐建立了联系。英国以"wich"结尾的小镇，多是产食盐区，例如格林尼治（Greenwich）、诺维奇（Norwich）、桑威奇（Sandwich）。早期的城镇往往靠近水源，而且便于人类获得食盐。食盐在过去曾经十分稀有，在某段时期甚至与黄金的价值相等。你会发现，许多英语词根和盐有关，例如"salary"（薪水）的词根就来源于"salt"（食盐）。

伊利运河（如图 5-5）全长为 584 千米，整条运河宽 12 米，深 1.2 米，共有 83 个水闸，可供排水量 75 吨的平底驳船行驶。伊利运河是第一条连接美国东海岸与西部内陆的快速运输通道。在 200 多年前，美国开挖伊利运河的主要目的之一就是运送食盐。

图 5-5　纽约富尔顿维尔 13 号伊利运河船闸

美国大部分地区缺少食盐资源，但在美国东北部的纽约却有一块盐田。伊利运河把美国东部和五大湖联系在一起，美国大部分地区缺食盐的情况因此得到缓解。于是，食盐贸易在五大湖地区和哈德逊河流域迅猛发展，港口也爆炸式扩张。可以毫不夸张地说，没有食盐，就根本不会有纽约。

动物也需要食盐（如图5-6），它们能比人类更敏锐地在自然界找到有食盐的地区。在哥伦布到访新大陆之前，纽约的水牛比人多。纽约最初的乡间小路其实大部分是动物寻找盐地时走出来的。

图5-6　马在舔岩盐

为什么食盐这种简单的物质对人类而言如此重要？因为生命源于海洋，没有盐分，所有生命都会死亡。而且，人的意识也有赖于食盐，人脑细胞间的信号需要钠离子来帮助传输，因此我们的身体会自动产生对食盐的渴望。

食盐有利于食物的贮存和运输。在电器时代之前，盐是最早被使用的食品防腐剂（如图5-7）。

利用食盐能够制取很多化学品。1984年，地坛医院

图5-7　利用食盐腌制的火腿

的前身北京第一传染病医院研制出能迅速杀灭各类肝炎病毒的消毒液，经北京市卫生局组织专家鉴定，被授予应用成果二等奖，

定名为"84"肝炎洗消液，后更名为"84 消毒液"。84 消毒液的主要成分为次氯酸钠（NaClO），被广泛用于宾馆、医院、家庭等场所的卫生消毒，且具有刺激性气味。电解氯化钠稀溶液并搅拌可直接制备 84 消毒液。反应原理为：

$$2NaCl + 2H_2O \xrightarrow{\text{通电}} Cl_2\uparrow + H_2\uparrow + 2NaOH$$
$$2NaOH + Cl_2 == NaCl + NaClO + H_2O$$

在工业发达国家，化工用盐一般占盐总耗量的 90％以上。例如，染料工业常用的原料烧碱、纯碱和氯气均是以食盐为原料直接生产的（如图 5-8），盐酸、硫化钠、保险粉等是食盐经深加工制得的化工产品。从全球来看，基础化工用盐占世界盐总耗量的 60％以上。因此可以说，国民经济的全面发展，依赖于发达的化学工业，而发达的化学工业又依赖于发达的制盐工业。食盐是化学工业之母。

图 5-8　食盐是染料工业的重要原料

百变碳酸钙

在自然界，含碳酸钙的岩石很多：瑰丽多姿的钟乳石（如图5-9），美轮美奂的海底珊瑚礁（如图5-10），洁白晶莹的汉白玉，雍容华美的大理石……石灰石是其中最普通，用途却非常广泛的一种常见岩石。它是重要的建筑材料，用于构筑纵横交错的城市道路、气势雄伟的高层建筑、如虹贯穿的跨海大桥……此外，一些动物喜欢用碳酸钙保护自己，鸡蛋的蛋壳、蜗牛的外壳、海里贝类的贝壳等的主要成分都是碳酸钙。

图5-9　石灰岩溶洞景观　　　　图5-10　色彩斑斓的珊瑚礁

岩洞的形成　当你想到岩洞时，你的脑海里会浮现出什么样的画面呢？是一个神秘而阴凉的地下迷宫，还是石柱林立、石幔低垂、石花绽放的令人叹为观止的绮丽地下世界？不管怎么说，岩洞都堪称自然界的一大奇观。

岩洞一般存在于有石灰岩的地区。石灰岩主要由碳酸钙构成。虽然石灰岩很坚硬，难溶于水，但它长期与溶有二氧化碳的地下水接触可发生溶蚀。虽然每年的溶蚀量大约只有指甲那么薄的一层，但是想想看，仅是距我们最近的地质时期——第四纪，其时长也有约 300 万年。日积月累，岩洞就渐渐地形成了。由于岩洞是在水的溶蚀作用下产生的，岩洞又称为溶洞。

雨水中往往溶有二氧化碳，流入地下暗河。少量二氧化碳与水反应，生成碳酸：

$$CO_2 + H_2O \!=\!=\!= H_2CO_3$$

碳酸电离出氢离子使溶液呈酸性。一定浓度的碳酸溶液和石灰石反应，生成溶解度比碳酸钙大得多的碳酸氢钙：

$$CaCO_3 + H_2CO_3 \!=\!=\!= Ca(HCO_3)_2$$

于是雨水溶解了石灰石，在岩石中产生一些充满水的空洞。虽然黏土、淤泥、沙子或砾石会填充进去，但流动的水渐渐将它们冲刷带走。随着雨水长年累月不断侵蚀，加上水流的冲刷，岩洞的洞体不断扩大。

当溶解了大量碳酸氢钙的水慢慢从岩洞的顶部渗出、滴落时，由于水分蒸发、压力减少、温度升高等原因，碳酸氢钙分解，碳酸钙逐渐析出、沉淀，其反应的化学方程式为：

$$Ca(HCO_3)_2 \!=\!=\!= CaCO_3 \downarrow + H_2O + CO_2 \uparrow$$

如果碳酸氢钙在岩洞的地面上分解沉积，慢慢"长出"的是石笋；如果碳酸钙在洞顶析出往下"长"，就渐渐形成了钟乳石（如图 5-11）；经过千百万年的积聚，有的形成石柱，有的形成

图 5-11　钟乳石和石笋

石幔。若是在适宜的条件下碳酸钙以较大晶体的形式析出，形成的则是石花，晶莹剔透，仪态万千。

石灰　石灰是通过煅烧石灰石制得的。说到石灰，你也许会联想到明朝于谦的《石灰吟》："千锤万凿出深山，烈火焚烧若等闲。粉骨碎身浑不怕，要留清白在人间。"这首托物言志诗生动描写了石灰石的一种重要化学性质——受热会分解。

石灰石的主要成分是由钙离子和碳酸根离子结合生成的碳酸钙，高温下会发生分解，生成氧化钙和二氧化碳。氧化钙的俗名为生石灰。该反应的化学方程式为：

$$CaCO_3 \xrightarrow{\text{高温}} CaO + CO_2 \uparrow$$

石灰有生石灰和熟石灰之分（如图 5-12），工业上制取生石灰，是在石灰窑中进行的。

生石灰具有极好的干燥吸湿效果，可作为干燥剂，广泛用于食品、服装、茶叶、

图 5-12　生石灰和熟石灰

皮革等行业。它的吸湿能力是通过化学反应实现的。反应的化学方程式为：

$$CaO + H_2O == Ca(OH)_2$$

生成物氢氧化钙是一种俗名为熟石灰的碱性物质，腐蚀性很强。因此，生石灰干燥剂在食品中的使用渐渐减少。

链接

食品干燥剂

食品干燥剂一般是无毒、无味、无污染，能除去水分的物质。食品干燥剂的使用是为了避免多余水分使食物口感变差，抑制细菌和霉菌的繁殖，防止食物腐败变质。

常见的食品干燥剂有生石灰干燥剂、硅胶干燥剂、蒙脱石干燥剂、纤维干燥剂等（如图5-13）。

（a）生石灰干燥剂，成分是氧化钙，由于产物具有强腐蚀性，目前已逐渐被淘汰

（b）硅胶干燥剂，成分是高微孔结构的含水二氧化硅，无毒、无味、无害

（c）蒙脱石干燥剂，成分是纯天然膨润土，绿色环保，无毒、无味、无害

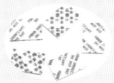

（d）纤维干燥剂，成分是纯天然植物纤维，外形酷似薄薄的纸片，吸湿率达100%

图5-13　各类干燥剂

由于植物易受到害虫和病菌的危害，园林护理师会用一定比例的石灰与硫酸铜溶液混合反应来配制一种叫波尔多液的农药，并将其用于苹果树、葡萄树等果树的杀菌；还可用生石灰、硫黄

加水熬制而成的石硫合剂来阻止地面上的害虫爬到树上，并用其杀灭树干表皮中的病菌等。冬天人行道旁树上一条条白色的"裙子"，就是石灰乳辅以石硫合剂的杰作（如图5-14）。向池塘中撒生石灰，

图 5-14　涂了防虫石硫合剂的人行道树

能够调节水体酸碱度，改善水质，还能抑制池塘里有害菌的生长，从而预防水体污染的发生。

水泥　水泥是最主要的建筑材料之一，石灰石是生产水泥的重要原料。水泥按用途及性能分为通用水泥、专用水泥、特性水泥等。房屋建筑、道路桥梁、水利工程、海洋工程和国防工程的建设等都需要它。位于重庆市和湖北省宜昌市之间的三峡水电站是世界上规模最大的水电站，也是中国有史以来最大型的工程建设项目。三峡大坝的建造（如图5-15）所使用的混凝土多达1600多万立方米。

图 5-15　三峡大坝全景

在我国，水泥的使用最早可以追溯到 5000 年前的新石器时代。考古学家在甘肃秦安县大地湾发掘出两个大型住宅遗址（如图 5-16），并发现其地坪是用混凝土建造的（如图 5-17），而该混凝土和古罗马人用火山灰压制成的水泥同属世界上最古老的混凝土建筑用材。遗憾的是，该工艺没有得到很好的传承和发展。

图 5-16　甘肃秦安县大地湾遗址挖掘现场

图 5-17　秦安县大地湾房屋遗址中一主室地面由一种类似于现代混凝土的材料制成

1756 年，英国工程师 J. 斯米顿在研究石灰在水中变硬的特性时发现，要获得具备这种特性的石灰，必须用含有黏土的石灰石来烧制。而用于水下建筑的砌筑砂浆，最理想的成分是遇水变硬的石灰和火山灰。这个重要的发现为近代水泥的研制和发展奠定了理论基础。

1824 年，英国石匠约瑟夫·阿斯谱丁发明了现代水泥。他在厨房里加热一种经过研磨的石灰岩和黏土混合物，当加入水时，发现这种混合物会发生凝固硬化（如图 5-18）。工

图 5-18　扫描电镜下的水泥硬化图

业革命的基础性材料就此诞生！当年，他以"人造新式石头工艺的改进"注册了这项发明专利。

发展到今天，水泥的品种已达到100多种。其中普通的硅酸盐水泥的化学成分为：硅酸三钙（$3CaO \cdot SiO_2$），硅酸二钙（$2CaO \cdot SiO_2$），铝酸三钙（$3CaO \cdot Al_2O_3$），铁铝酸四钙（$4CaO \cdot Al_2O_3 \cdot Fe_2O_3$）。水泥的制作过程是将粉碎的石灰石和黏土投入水泥回转窑中，进行加热反应生成。在水泥的制作过程中加入石膏（主要成分是硫酸钙），可以阻止水泥在加水时立即凝固，使水泥的强度更高。

水泥砂浆由水泥和沙加水混合而成，一般用作块状墙体砌筑的黏合剂和室内外墙面抹灰。混凝土是由水泥、沙和小石子混合而成，它的抗压强度高，耐久性好，强度等级范围宽，是世界上应用最广泛的建筑材料。但它在巨大外力的作用下会发生断裂。因此，人们常把它加工成钢筋混凝土，使它更牢固。

还记得《终结者》电影里那个受伤后伤口能自动愈合的机器人吗？它的神奇能力要归功于液态金属合金。荷兰代尔夫特理工大学微生物学家约克斯造出了类似的材料：可自动愈合的"生物混凝土"（如图 5-19）。他把一种产石灰石的细菌和乳酸钙装进用生物降解塑料做成的胶囊里，然后把胶囊加入湿的混凝土中。当混凝土出现裂缝时，水进入裂缝加快胶囊的降解，使混凝土在"激活细菌"的帮助下有效修复自身裂缝。

图 5-19 约克斯自 2006 年起就开始研究"生物混凝土"

思考

混凝土在运送的卡车上被预混合（如图 5-20），为什么车背上的大桶要不停地旋转？

图 5-20　混凝土运送车

链接

"绿色水泥"

材料是促进人类文明发展的关键之一，但材料科学的发展也是一把双刃剑。水泥的生产过程对环境也造成了一定的影响。从用石灰石和黏土制备水泥，到加热生成硅酸盐、铝酸盐等产物，都会造成大量的碳排放。据计算，每生产 1 吨水泥就要向大气排放 1 吨二氧化碳。世界各国水泥制造业所排放的二氧化碳约占全球温室气体排放总量的 5%，这是温室效应加重的主要原因。此外，水泥制造过程中产生的粉尘也是环境 PM2.5 升高的主要原因之一。

为了减轻水泥生产对环境造成的不良影响，美国麻省理工学院混凝土可持续发展中心提出了一种做法：在煤电厂排放的燃烧气体中过滤出粉煤灰，再掺入若干种添加剂，然后将它用作水泥粉。这种工艺不需要加热过程，因此不会造成碳排放（如图5-21）。

图 5-21　开发环境友好型水泥生产工艺

苏打三兄弟

　　苏打饼干（如图5-22）、苏打水、苏打粉……苏打在日常生活中随处可见。很多人或许不知道，苏打家族共有三兄弟：小苏打、苏打、大苏打。虽然三者名称中都含有"苏打"两字，但它们是三种不同的化学物质，其学名依次为碳酸氢钠、碳酸钠和硫代硫酸

图 5-22　小苏打饼干

钠，用途也不尽相同。

小苏打 你喜欢吃苏打饼干吗？ 小苏打的化学名叫碳酸氢钠。小苏打在约 50℃环境中开始反应生成二氧化碳，在 270℃环境中全部变为碳酸钠。其反应的化学方程式为：

$$2NaHCO_3 \xrightarrow{\triangle} Na_2CO_3 + H_2O + CO_2 \uparrow$$

利用这一性质，人们可以用小苏打作为糕点、饼干、馒头等的膨松剂，但小苏打在反应后会残留碳酸钠，使用过多会使成品有碱味。

天然的弱碱性水中含有小苏打成分，因而也称为苏打水。天然苏打水除含有碳酸氢钠外，还含有多种微量元素成分。世界上只有中国、法国、俄罗斯、德国等少数国家出产天然苏打水。苏打水在胃里会与胃酸（含有盐酸）发生如下反应：

$$NaHCO_3 + HCl \Longrightarrow NaCl + H_2O + CO_2 \uparrow$$

这可以起到中和胃酸的作用，对胃酸过多的人有好处。不过，胃酸较少的人，不宜饮用苏打水。血液中存在微量的碳酸氢钠，有利于维持血液的酸碱度基本不变。当血液中酸性物质增多，即氢离子增多时，碳酸氢根可与之反应生成碳酸，碳酸不稳定，会分解成水和二氧化碳；当碱性物质增多时，会发生如下反应：

$$NaHCO_3 + NaOH \Longrightarrow Na_2CO_3 + H_2O$$

这使得氢氧根减少，确保血液的 pH 不至于变化过大，即体现出缓冲作用。

小苏打也可以作为酸碱灭火器里的灭火剂。碳酸氢钠酸碱灭火器主要适用于易燃或可燃液体、气体及带电设备引起的初期火灾，但不能扑救金属燃烧引起的火灾。

苏打　苏打（如图5-23）的化学名为碳酸钠，又称纯碱、石碱、洗涤碱。苏打与人们的衣、食、住、行有着密切的关系，是一种重要的化工原料。碳酸钠带十个结晶水时称为十水碳酸钠，其为无色晶体，但结晶水不稳定，使得十水碳酸钠易风化变成白色粉末。碳酸钠易溶于水，其水溶液呈碱性。碳酸钠长期暴露在空气中能吸收空气中的水分及二氧化碳，生成碳酸氢钠，并结成硬块，反应的化学方程式为：

$$Na_2CO_3 + H_2O + CO_2 = 2NaHCO_3$$

在制作皮蛋时，碳酸钠能和氢氧化钙等发生复分解反应，生成碳酸钙沉淀和氢氧化钠。工业上曾经用这一方法（俗称苛化法）制备烧碱，反应的化学方程式为：

$$Na_2CO_3 + Ca(OH)_2 = 2NaOH + CaCO_3\downarrow$$

碳酸钠在玻璃工业、钢铁工业、有色冶金工业、铸造工业、化学工业、医药工业以及纺织工业等方面都有重要用途。其中玻

图5-23　苏打

璃工业是碳酸钠消耗量最大的产业，每吨玻璃的制造要消耗 0.2
吨碳酸钠。

大苏打 大苏打（如图 5-24）是硫代硫酸钠的俗名，又叫海
波（Hypo 的音译），带有五个结晶水（$Na_2S_2O_3 \cdot 5H_2O$），故也叫
作五水硫代硫酸钠。

图 5-24 大苏打

制取大苏打的一种方法是将纯碱溶解，再与硫黄燃烧生成的
二氧化硫反应生成亚硫酸钠(Na_2SO_3)，再加入硫黄和水发生反应，
经过滤、浓缩、结晶，制得硫代硫酸钠。反应的化学方程式为：

$$Na_2CO_3 + SO_2 = Na_2SO_3 + CO_2$$

$$Na_2SO_3 + S + 5H_2O = Na_2S_2O_3 \cdot 5H_2O$$

大苏打是无色透明的晶体，易溶于水，水溶液显弱碱性。它
在 33℃以上的干燥空气中易风化而失去结晶水，在 48℃以上的条
件下溶于本身的结晶水，在潮湿空气中容易潮解；在中性、碱性
溶液中较稳定，在酸性溶液中会迅速分解，反应的化学方程式为：

$$Na_2S_2O_3 + 2HCl = 2NaCl + S \downarrow + SO_2 \uparrow + H_2O$$

大苏打具有很强的络合能力，能跟溴化银形成络合物。反应的化学方程式为：

$$AgBr + 2Na_2S_2O_3 \xlongequal{} NaBr + Na_3Ag(S_2O_3)_2$$

根据这一性质，它可以作为感光胶片（如图 5-25）的定影剂，使感光材料上曝光显影所得的影像稳定下来。冲洗相片时，过量的大苏打跟底片上未感光部分的溴化银（$AgBr$）反应，转化为可溶的二硫代硫酸根合银酸钠

图 5-25 老式照相机中的感光胶片

$[Na_3Ag(S_2O_3)]_2$，从而除去溴化银，使显影部分固定下来。

大苏打还具有较强的还原性，能将氯气等物质还原，反应的化学方程式为：

$$Na_2S_2O_3 + 4Cl_2 + 5H_2O \xlongequal{} 2NaCl + 2H_2SO_4 + 6HCl$$

所以，它可以作为棉织物漂白后的脱氯剂，用来除去在织物纤维中残留的氯气，防止氯气长期与织物纤维作用，引起纤维变脆或变黄。基于类似的原理，在生产中或在实验操作过程中不小心粘在织物上的碘渍也可用它来除去。另外，大苏打还可用于鞣制皮革、电镀以及在矿石中提取银等。

用大苏打能治疗氰化物中毒。在科学研究和黄金冶炼、电镀等工业生产中，人们接触氰化物会发生急性氰化物中毒；而在日常生活中，接触氰化物或进食含氰甙的植物果实和根部（如苦杏仁、枇杷仁、桃仁、木薯、白果等都含有氰甙）亦可引起急性氰化物中毒。解氰化物中毒的原理是：用亚硝酸钠或亚硝酸异戊酯

使血红蛋白迅速形成高铁血红蛋白；高铁血红蛋白能将氰化细胞色素氧化酶中的细胞色素氧化酶置换出来，从而恢复其活性；再用硫代硫酸钠与这一过程中生成的 CN⁻ 反应生成无毒的硫氰酸盐并排出体外，最终达到解毒的效果。

用途广泛的硫酸钙

硫酸钙在自然界中主要以生石膏和硬石膏两种矿物的形式存在（如图 5-26）。生石膏为二水硫酸钙（$CaSO_4 \cdot 2H_2O$），又称二水石膏、水石膏或软石膏；硬石膏为无水硫酸钙（$CaSO_4$）；两种石膏常作为伴生矿产产出，在一定的地质条件作用下又可互相转化。中国的石膏矿产资源储量丰富，已探明的各类石膏总储量约为 570 亿吨，居世界首位，分布于 23 个省、市、自治区，其中储

图 5-26　石膏矿石

量超过 10 亿吨的地区有 10 个，分别是：山东、内蒙古、青海、湖南、湖北、宁夏、西藏、安徽、江苏和四川，石膏资源比较贫乏的是东北和华东地区。天然石膏中用途最广的是二水石膏，其有效成分为二水硫酸钙，因此一般根据矿石中二水硫酸钙含量对石膏进行等级划分。石膏应用领域较宽，产品种类也较多，不同的用途对石膏原料的质量有着不同的要求，高品质石膏多用作特种石膏产品的生产原料，如医疗产品（如图 5-27）、艺术品和化工填料等；二水硫酸钙含量低于 60% 的石膏矿则很少得到应用；二水硫酸钙含量高于 60% 的石膏矿，根据其含量的不同，被用于建材、建筑等领域。

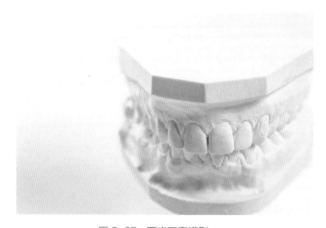

图 5-27　牙齿石膏模型

工业上将生石膏加热到 150℃，使其脱水成为熟石膏（$2CaSO_4 \cdot H_2O$），也叫半水石膏或烧石膏，但向熟石膏中加水又可获得生石膏。这一性质使其可用于石膏绷带、石膏模型、粉笔、工艺品、建筑材料的制作。

　　建筑装饰领域广泛流行使用纸面石膏板。石膏板材韧性好，不燃，尺寸稳定，表面平整，可以锯割，便于施工，主要用于建造内隔墙、内墙贴面、天花板、吸声板等（如图 5-28）。它的生产过程是：在建筑石膏（熟石膏）中加入少量胶黏剂、纤维、泡沫剂等，将它们与水拌匀后连续浇注在两层护面纸之间，再通过辊压、凝固、切割、干燥等过程制得。此外，油漆腻子、纸张填料的制作也用到石膏，日常点豆腐可用它作为凝结剂。农业上常通过施用石膏降低土壤的碱性。我国出产的大部分石膏还被用作水泥调速剂以控制水泥硬化速度。

图 5-28　用于建筑的豪华石膏装饰

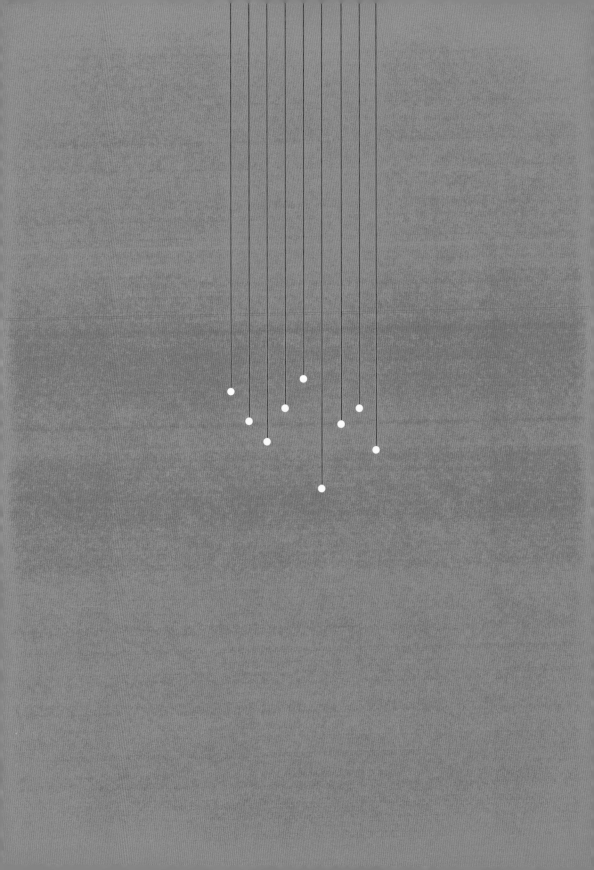

第6章

金属的提取

金属有许多优越的性能，是人类生活和工农业生产的重要材料。建筑物、交通工具、武器装备、厨房用具等，都大量使用金属材料（如图 6-1）。然而，在自然界中，金属大多是以和其他元素结合成矿物的形式存在，需要通过化学反应提炼制得。你对从矿石中提取金属的方法了解多少？

图 6-1　建造国家体育馆"鸟巢"用了 11 万吨钢材

金属的活动性顺序与提取方法

经考古学家考证，我们的祖先在 6000 多年前已经冶炼出黄铜，在 4000 多年前就有了简单的青铜工具。然而，用陨铁制造的兵器出现在 3000 多年前，冶炼生铁技术形成于 2500 多年前的春秋战国时期。为什么铁的制取相对较晚？这就要从金属的活动性顺序说起。

金属活动性顺序就像金属的一个"排名表"。越活泼的排得越前，越不活泼的排得越后。我们可以通过观察各种金属与（空气中的）氧气、水和稀酸的反应来给它们排序（见表 6-1）。

表 6-1　金属的性质对比

活动性顺序	在空气中加热时的反应	与水反应	与稀酸反应
钾钙钠	剧烈燃烧，形成氧化物	产生气泡，放出氢气；形成碱性溶液（氢氧化物）	可能会有爆炸现象
镁		与水蒸气反应，放出氢气；形成金属氧化物（但不会立即和冷水反应）	产生气泡，放出氢气
铝锌铁锡铅	不会燃烧，但会在表面形成氧化膜	与水蒸气仅有轻微的反应或不反应	产生气泡，放出氢气
铜银		不反应	不反应
铂金	不反应	不反应	不反应

当然，我们也可以通过置换反应来判断它们的活动性高低。我们发现，一种活泼性较强的金属能将活泼性较弱的金属从其化合物中置换出来。图 6-2 展示的就是较活泼的金属铁将金属铜从硫酸铜中置换出来的实验现象。反应的化学方程式为：

$$Fe + CuSO_4 = FeSO_4 + Cu$$

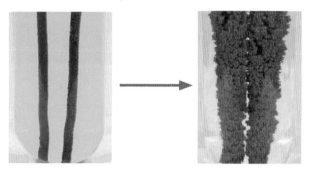

(a) 铁插入硫酸铜溶液中　　　　(b) 铁将硫酸铜溶液中的铜置换出来

图 6-2　铁与硫酸铜溶液反应的实验现象

科学家通过对金属活动性的研究，将金属划分为低反应活性金属、中等反应活性金属和高反应活性金属。随着金属反应活性的提高，其所形成的金属矿物越来越稳定。针对反应活性不同的金属，提取的方法也不同。通常情况下，反应活性越强的金属越难冶炼，具体方法归纳见表 6-2。

表 6-2　金属的提取

金属	钾钙钠镁铝	锌铁锡铅	铜银	铂金
冶炼方法	熔融通电电解	用 C、CO、H_2 等热还原	加热 / 煅烧	物理富集
难易程度	难冶炼 → 易冶炼			

金属发现史话

　　人类冶炼金属的历史，也是活泼金属陆续被发现的历史。人类最早使用的是金、银，这是因为它们的化学性质不活泼，在自然界中多以单质形式存在。在我国的奴隶社会时期，人们在森林大火后的灰烬中发现了铜，这是由于木材燃烧生成的木炭和地表的铜矿石反应，将铜矿石还原为铜。这一发现拉开了人类文明的序幕，人们从石器时代进入了青铜器时代（如图6-3）。秦始皇统一华夏后，在为自己修建寝陵时，用汞来代表水，制成黄河和长江的样子，表示长期拥有大好河山的雄心。

　　铁器的应用明显地晚于铜器，说明铁的冶炼技术较铜的冶炼技术复杂，难度更大，也证明了铁比铜活泼。铝的冶炼是19世纪才出现的，表明铝的冶炼技术更加复杂。

图6-3　中国古代的青铜编钟

低反应活性金属的提取

大多数金属通常以化合物的形式存在于矿石中，但那些排在金属活动性顺序表底部的不活泼金属有的是以单质形式存在的，我们将这种存在形式称为游离态。例如在自然界中我们能找到铜、银、金、铂等低反应活性的金属单质（如图6-4）。当然，铜和银的化合物也存在于自然界并被作为矿石开采。

图6-4　自然界中以单质形态存在的金

金的提取　说到金的提取，你的脑海中也许会浮现出淘金的画面——淘金者们打捞起河里或湖里的淤泥，然后用淘盘不断清洗以找出淤泥里的天然金砂（如图6-5）。这种利用矿物中金颗粒和其他矿物颗粒间的密度差异，在水中进行金分选的方法又称重选法。重选法具有不消耗药剂、

图6-5　淘金

环境污染小、设备结构简单、对粗颗粒和中颗粒矿石处理能力大、能耗低等优点，缺点是对微细粒矿石的处理能力小，分选效率低。

海水中蕴藏着大量的黄金，据专家估计，其总量可达1800万

吨，但其分布很分散，要从海水中得到 1 千克黄金，就得处理 2 亿吨海水。处理费用大大超过了 1 千克黄金的价值，成本非常高。近年来，一些海洋科学家在实验中意外地发现，海藻具有从海水中吸收金及其他元素并将其积于体内的"特异功能"。根据检测结果分析，海藻内的含金量为海水含金量的 1400 倍，因此，有专家提议在海洋里大量种植海藻，待其生长一定时间后，将其捕捞后送工厂处理，从中提炼黄金。

铜的提取　许多金属矿石中含有低反应活性的金属氧化物或金属硫化物，例如辉铜矿中就含有硫化亚铜。我们只需在空气中加热辉铜矿就能得到单质铜。反应的化学方程式如下：

$$Cu_2S + O_2 \xrightarrow{\triangle} 2Cu + SO_2$$

这种提取铜的方法叫作火法炼铜（如图 6-6），适用于含铜量比较高的矿石。这种炼铜的方法相对比较简单，因此古人很早就掌握了制铜技术。

我国是世界上第一个采取湿法炼铜技术来提取铜的国家。汉代许多著作里就有"石胆能化铁为铜"的记载，晋代著名的炼丹家葛洪在《抱朴子内篇·黄白》中也有"以曾青涂铁，铁赤色如铜"的记载。传说，葛洪之妻鲍姑有一次在葛山将铁勺放置在曾青（硫酸铜溶液）中，几天后，葛洪拿那个铁勺使用，奇妙的现象出现了：铁勺变成"铜勺"，红光闪闪。人们从这些现象中得到启示，发明了湿法炼铜。

湿法炼铜也称胆铜法，生产过程主要包括两个方面：一是浸铜，就是把铁放在胆矾（$CuSO_4 \cdot 5H_2O$）溶液（俗称胆水）中，使胆矾中的铜离子被铁置换成单质铜沉积下来；二是收集，即将置

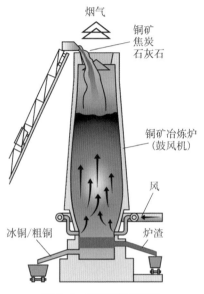

图 6-6　火法炼铜原理图

换出的铜粉收集起来，再加以熔炼、铸造。古代湿法炼铜的一种做法是：在胆水产地就近依地形高低挖掘沟槽，用茅席铺底，把生铁击碎并排放在沟槽里，将胆水引入沟槽浸泡，利用铜盐溶液和铁盐溶液的颜色差异，待胆水浸泡至颜色改变后，再把浸泡过的水排去，取出茅席，就可以收集沉积在茅席上的铜并加以熔炼和铸造。

　　湿法炼铜的工艺过程比较简单，各种矿石，甚至采铜的废石等低品位矿石也适用这种方法。该方法不需要进行大面积的勘探开采，因而不会造成地表植被的破坏和水土的流失，有利于环境保护。鉴于我国铜矿资源贫乏的现状，湿法炼铜技术还有很大的发展前景及研究空间。

中等反应活性金属的提取

在金属活动性顺序表中，锌、铅及它们之间的金属为中等反应活性的金属，它们在自然界中通常只能以化合物（如图 6-7）的形式存在，一般不能通过加热它们的化合物来获得单质。例如，在通空气的条件下煅烧硫化铜，可以得到铜单质，但用同样的方法煅烧硫化铅，得到的是氧化铅。通常需要用碳或一氧化碳等还原剂才能将中等反应活性的金属从化合物中提取出来。

(a) 锡矿石(SnO_2)　　　　(b) 锌矿石(ZnO)　　　　(c) 铅矿石[$Pb_5(PO_4)_3Cl$]

图 6-7　含锡、锌、铅的矿石

炼铁　　铁属于中等反应活性的金属，碳对炼铁有着非常重要的作用。考古学家已经证实，人类最早接触和利用的金属铁来自太空陨铁，即铁质陨石。陨铁不含碳及其他夹杂物，一般含有 $1\% \sim 5\%$ 的钴和镍。正是这种只含有少量合金元素的接近于纯铁的天赐之物，使得人们开始认识和利用铁这种金属，萌发了从地球上寻找和取得这种金属的想法。在古代，铁的冶炼方法为：在 $1200℃$ 左右（这可能是当时能够达到的最高工艺温度了），用木炭把主要成分是氧化铁的铁矿石还原成固态铁，反应的化学方程式为：

$$2Fe_2O_3 + 3C \xrightarrow{\text{高温}} 4Fe + 3CO_2 \uparrow$$

其产物往往夹杂着没有烧完的木炭和炼铁时产生的熔渣而呈团块状。然后将其趁热锻打，除去其中的杂质，并利用铁的延展性和锻打时局部产生的热使小块的铁锻接成一体，变成可以进一步制作铁器的铁材（如图6-8）。

图6-8 古代炼铁模型图

由于炼铁的技术要求相对较高，历史上炼铁工艺的形成时间也相对较晚。

随着科学技术的进步，炼铁工艺也得到进一步的发展。目前最常采用的是高炉炼铁法。将铁矿石、焦炭和石灰石的混合物不断从炉顶送入高炉，混合物在下落过程中发生化学反应，产生的温度可达2000℃。整个反应过程比较复杂，以下几个化学方程式可以表示其中最重要的几步。首先，焦炭在热空气中燃烧，生成二氧化碳，反应的化学方程式为：

$$C + O_2 \xrightarrow{\text{点燃}} CO_2$$

然后，二氧化碳与过剩的焦炭反应产生一氧化碳，反应的化学方程式为：

$$C + CO_2 \xrightarrow{\text{高温}} 2CO$$

一氧化碳再将铁矿石转化为单质铁，反应的化学方程式为：

$$Fe_2O_3 + 3CO \xrightarrow{\text{高温}} 2Fe + 3CO_2$$

熔融的铁水沉入炉底，以液体的形式流出。其中的杂质浮于铁水之上，从另一出口流出。从高炉获得的产品称为生铁。

链接

炼　钢

来自高炉中的铁含有 3%～4% 的碳，同时还含有一些其他非金属杂质。这种含有杂质的生铁非常脆，容易碎裂，适用范围较小，故大部分用于生产富有韧性的钢。

钢的主要成分是铁，含有少量的碳，并且可以加入其他金属。从铁转化为钢，主要有两个步骤：第一步，将氧气引入来自高炉的、熔化的铁水中，与铁中的碳发生反应，使碳以二氧化碳的形式释放出，这样可以除去铁中大部分的碳。反应的化学方程式为：

$$C + O_2 \longrightarrow CO_2$$

第二步，加入石灰将磷等其他杂质转化为炉渣并除去。

根据需要在生产过程中加入其他的金属，可以赋予钢特殊的性能。比如，可以通过加入铬和镍制成不锈钢，不锈钢不会生锈，可用于制造刀具。如果在钢中加金属钨，就可以使钢在高温条件下保持硬度和韧性。钨钢常被用于制造高速切割工具。

高反应活性金属的提取

　　要把钠、铝这些高反应活性的金属从其矿石中提取出来是非常困难的。这些金属以极其稳定的化合物形式存在（如图6-9），用碳还原的方法对它们不起作用。随着科学技术的进步，我们可以用一种叫作电解的方法获得它们。

　(a) 明矾石　　　　(b) 毒重石（$BaCO_3$）　　(c) 菱镁矿（$MgCO_3$）
$[KAl_3(SO_4)_2(OH)_6]$

图6-9　多种矿石样品

　　制取高反应活性的金属的一般步骤是：首先将金属化合物从矿石中分离出来，然后高温加热熔化该化合物，再通电电解，获得金属单质。这些步骤都会消耗大量的能源，因此高反应活性的金属的提取成本是很昂贵的。

　　钠的制取　在自然界中，钠元素最常见的存在形式是与氯元素结合而形成氯化钠。在意大利科学家伏特发明了最原始的电化学电池后不久，英国化学家戴维就制作了一种电解装置，让电流通过熔融状态的氯化钠。

电解装置由电源、两个电极和液态电解质组成。其中一个电极为阴极，可以将电子传递给液态电解质中参与反应的离子。另一个电极是阳极，可以接受电子。电解熔融氯化钠（如图 6-10）时，阴极上的钠离子被还原为金属钠，阳极上的氯离子被氧化成氯气。该电解过程发生的总反应方程式为：

$$2NaCl（熔融）\xrightarrow{\text{通电}} 2Na + Cl_2 \uparrow$$

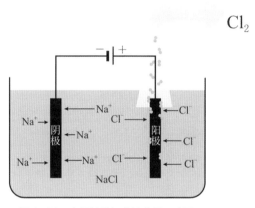

图 6-10　电解熔融氯化钠装置示意图

戴维用这种方法先后制取了多种金属单质。他通过电解氢氧化钾提取了金属钾，还用同样的方法制取了镁、锶、钡、钙等金属单质。在 1800 年之前，科学家通过化学还原法得到的单质总共不到 30 种，而到 1850 年，这个数字就超过了 50，其中大部分都是通过电解方法获取的。

现代工业制取金属钠的生产原料仍为氯化钠，一般也是采用电解法。从自然界获取的氯化钠中常常含有许多杂质，如氯化镁、氯化钙和泥沙等，故必须先采用化学方法将镁、钙离子等转化为沉淀物，和泥沙一起过滤除去，再将过滤后所得的溶液蒸发浓缩，使其结晶，从而获得纯净的氯化钠。加热氯化钠到 801℃ 以上，将其熔化后，可以通电电解制取金属钠。图 6-11 展示的是现代商用电解熔融氯化钠的装置剖面图。

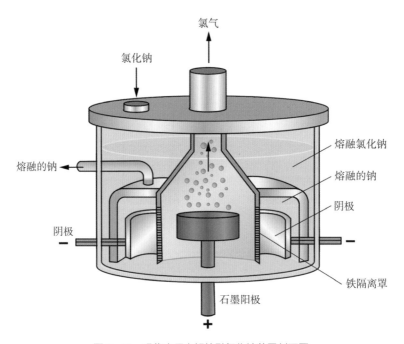

图 6-11　现代商用电解熔融氯化钠装置剖面图

铝的冶炼　与电解熔融氯化钠获得金属钠类似，人们可以通过电解各种矿石提炼出其中所含的金属。目前，用电解方法生产的金属中，铝的产量最大。提炼铝所用的原料是较纯净的氧化铝，来自一种叫作铝土矿的矿石。氧化铝的熔点是 2054℃，为了降低能耗，化学家向其中加入冰晶石（Na_3AlF_6），将氧化铝的熔化温度降至 1000℃，然后将碳棒插入熔融盐中进行电解（如图 6-12）。

图 6-12　炼铝车间

电解熔融 Al_2O_3/ Na_3AlF_6 制备金属铝的反应原理非常简单。在阴极的铝离子得到电子，被还原为金属单质铝；在阳极的氧离子失去电子形成氧气分子，氧气又和阳极的碳化合生成二氧化碳。由于阳极碳棒会不断被消耗，所以需要及时更换它。电解 Al_2O_3 制备金属铝这一过程的化学方程式是：

$$2Al_2O_3（熔融）\xrightarrow{\text{通电}} 4Al + 3O_2 \uparrow$$

该电解工艺是由美国人霍尔和法国人埃鲁在同一时期提出的。在这种工艺发明之前，铝极为稀缺，价格甚至比黄金、白银都要昂贵。如今，全世界每年通过电解获得的铝已达到 1000 万吨。在我们的生活中，铝制品可谓随处可见（如图 6-13）。然而，通过电解工艺冶炼制铝，仍需要消耗大量的电能，成本还是很高。

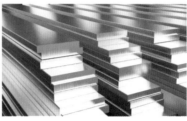

（a）铝制易拉罐　　　　　　　　（b）轧制的金属铝制品

图 6-13　生活中琳琅满目的铝制品

稀有金属的提取

稀有元素是自然界中储量、分布稀少且应用较少的元素的总称。有的金属因其物理、化学性质特殊的原因，在过去很长一段时间里制取和使用得很少，故称为稀有金属。例如，金属钛是稀有元素之一，因其密度小、比强度高、常温时耐酸碱腐蚀等特性而被日益广泛地用作高新科技产品的材料。它是 1791 年英国矿物学家威廉·格列弋尔在分析矿石时发现并命名的。钛在地壳中的储量比常见的铜、锡、锰、锌还多，在地壳元素中储量排名第 9。而纯净的钛第一次被制得却是在 1910 年，距其被发现的时间已有100 多年。其原因就在于金属钛性质十分活泼，很容易和氧、氮、碳等元素化合，因此，若要提炼出纯钛，所需条件十分苛刻。

钛矿物种类繁多，地壳中钛含量为1%以上的矿物有80多种，但具工业价值的仅十几种。当前工业利用的主要是金红石（如图6-14）和钛铁矿（如图6-15）。在前面的学习中，我们知道化学家可通过两种方法从氧化物矿物中提取金属。一种是电解法，通过电解将矿石分解而获得金属单质，提炼铝采用的就是这种方法；另一种是化学还原法，用比要提炼的金属还原性更强的金属与矿物反应而获得金属单质，炼铁用的就是这种方法。

图 6-14　金红石

图 6-15　钛铁矿

目前的工业生产中，关于钛矿石，采用较多的是化学还原处理。但钛与铁不同的是，铁可以通过铁矿石与成本低廉的焦炭反应得到，而钛的提炼需要更费时费力的两个步骤。工厂中，技术人员在碳和氯气中加热钛铁矿石，从而得到四氯化钛，再用它与金属镁反应，得到金属钛，发生的化学反应如下：

$$TiO_2 + 2C + 2Cl_2 \xrightarrow{727℃\sim827℃} TiCl_4 + 2CO$$

$$TiCl_4 + 2Mg \xrightarrow{797℃} 2MgCl_2 + Ti$$

　　这样得到的是海绵钛，它是多孔状的，空隙中有盐化合物，不纯净。这种方法是卢森堡科学家克劳尔在1937年发明的。然而，这种提取方法还存在不足，提炼钛的还原剂比焦炭贵得多，反应管道需要反复清空，填充密封，不能连续操作，而且四氯化钛是具有腐蚀性和挥发性的液体，需要特别处理。克劳尔本人也预测到他的方法很快就会被淘汰，但是直到1997年，英国剑桥的科学家们才找到了提炼钛的新技术——熔盐电解。

　　这种电解提取技术是因一次意外的实验而发现的。剑桥的科学家们想通过电解除去金属钛暴露在空气中形成的氧化膜，但他们惊喜地发现，这个过程将钛氧化物直接转化成了纯钛金属（如图6-16）。其基本步骤是在氯化钙熔融盐中用碳作为阳极对二氧化钛进行电解。这种方法与目前电解铝的方法虽然不完全一样，但高度相似。唯一的区别就是铝的电解提取技术是用液体原料电解生产出液态铝，而钛的电解提取技术是利用固体原料生产固态钛，整个过程无须熔化原材料。其高明之处在于，不用熔化

图6-16　钛棒

原材料就能够制备任何用传统方法无法制备的金属，当然也能够生产合金。

图6-17　赛车的钛合金排气系统

目前，金属钛主要用于航空合金。随着低成本金属钛提炼技术的开发，我们坚信，钛未来的价格将会下降，汽车制造也可使用钛（如图6-17）。

金属钨的提炼　金属钨也是稀有金属之一，是1781年由瑞典化学家舍勒发现的。直到20世纪，钨冶金工业才得以形成和发展。钨的熔点约为3400℃，有着极其优秀的耐高温性能，对熔融碱金属及其蒸气也有着良好的耐腐蚀性能。目前，钨被广泛应用于民用、工业、军工等各个领域，被誉为"工业牙齿""战争金属"。小到白炽灯丝，大到地铁施

图6-18　盾构机前端黑色部分为钨合金刀头

工盾构机的刀头，都离不开钨（如图6-18）。

黑钨矿［(Fe，Mn)WO$_4$］（如图6-19）和白钨矿（CaWO$_4$）是最重要的钨矿物资源。钨提取冶金的过程主要包括钨精矿分解、钨溶液净化、纯钨化合物制取、纯钨的制取等步骤。以黑钨精矿中钨的提取为例，其过程及其中发生的化学反应大致如下：

图6-19 黑钨矿

第一步，使黑钨精矿与氢氧化钠溶液发生复分解反应，转变为可溶的钨酸钠，与不溶性杂质分离，化学方程式为：

$$FeWO_4 + 2NaOH == Na_2WO_4 + Fe(OH)_2\downarrow$$

$$MnWO_4 + 2NaOH == Na_2WO_4 + Mn(OH)_2\downarrow$$

第二步，钨精矿分解所得的粗钨酸钠溶液中含有硅、磷、砷、铝等多种杂质，在钨沉淀之前，将这些杂质除去。

第三步，从钨酸钠溶液中析出钨酸并进行净化，主要的化学方程式为：

$$Na_2WO_4 + 2HCl == H_2WO_4\downarrow + 2NaCl$$

第四步，三氧化钨（WO_3）的生产。将经过净化的钨酸进行煅烧，就可以得到三氧化钨。反应的化学方程式为：

$$H_2WO_4 \xrightarrow{煅烧} WO_3 + H_2O$$

第五步，用氢气还原三氧化钨，得到金属钨。反应的化学方程式为：

$$WO_3 + 3H_2 \xrightarrow{高温} W + 3H_2O$$

然而，这种传统的钨矿分解方法采用了钠盐溶液体系，大量的试剂在钨提取后以可溶性钠盐的形式排出，会造成环境污染问题。而新的冶炼技术正在不断被开发出来，相信它们在保护利用钨资源、减少环境污染等方面都会不断进步。

金属冶炼废气的处理

中华人民共和国成立后，钢铁焰炼工业经历了几十年的跳跃式发展。钢铁冶炼工业在为中国经济发展做出巨大贡献的同时，其冶炼生产过程产生的大量的废气也给环境带来了污染和危害（如图 6-20 ）。

图 6-20 冶炼厂排放的大量废气是大气污染的主要原因之一

冶炼厂废气的产生　重工业地区空气污染指数严重超标、四面"霾"伏的现象往往与冶炼企业排放的烟、气、尘有直接的关系（如图 6-21），而钢铁冶炼厂是废气排放的"大户"，它的废气来源是多方面的。其一，冶炼厂在生产过程中会通过燃烧大量的煤炭来提供反应需要的能量，煤炭在燃烧时会产生细小的颗粒状烟灰和粉尘，通过烟囱排放到空气中造成严重污染。其二，在生产加工过程中，材料会长时间处于高温状态下，其化学性质不稳定的表面层很容易发生气化，从而产生大量含有毒物质的气体并进入大气中。其三，冶炼厂加工金属材质原材料的方法是将原矿石进行高温煅烧，使其中的有用物质被提炼出来。高温状态下铁等原料与空气中的氧气会发生反应，一部分反应不充分的物质会随着废气被排放到空气中。

图 6-21　雾霾天的建筑工地

冶炼厂废气的治理 冶炼厂的废气成分复杂，不同冶炼厂的废气治理措施一般不同，但其基本理念是尽可能地将可回收利用的成分回收并加以利用，减少对环境的污染，减少浪费，提高资源利用率。废气的治理主要从减少排放和实现达标排放这两个方面科学合理地同步进行。

减少排放的主要方法是改进生产工艺和设备。例如，高温产生的蒸气不直接排入排泄管道，而是先将其液化，聚集在收集装置内，添加化学物质进行无害化处理，回收有用的成分。此举使加工环节更高效，在源头降低废弃物的生成量，为原料的充分反应提供有力的设备基础。

实现达标排放的主要方法是加强废气成分的分类。相关的处理工艺分为湿法处理和高压静电处理等。湿法处理工艺主要针对含硫废气，同时可去除大量的粉尘。具体做法是在排泄管道的末端安装净化装置，使气体进入后被液化，与化学添加剂融合后生成新物质。这个方法可使粉尘净化程度接近100%，使废气经净化处理后不会对大气产生污染。高压静电处理利用的是物理原理（如图6-22），高压静电不仅可以吸附金属颗粒，而且对粉尘有一定的吸附能力。金属颗粒被收集后不需要经过后续处理就可直接作为原材料用于生产中。这种方法不会生成有害物质，也无须将气体液化，省去了很多工序，成本也相对较低，可行性很高，真正实现了清洁生产。

绿色的生产工艺和科学的烟气处理技术，实现了化工生产的节能环保和清洁高效，推进了化工工业的可持续发展，改善了我们的生存环境。

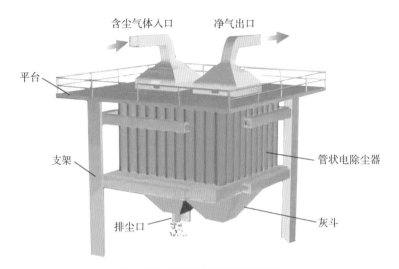

含尘气体入口　　净气出口

平台

支架

管状电除尘器

排尘口

灰斗

图 6-22　静电除尘设备工作原理图

链接

重金属污染

　　重金属污染指由重金属或其化合物造成的环境污染，主要由采矿、废气排放、污水灌溉和使用重金属超标制品等人为因素所致。环境中的重金属含量超出正常范围，会直接危害人体健康（如图 6-23），并导致环境质量恶化。

　　铅污染　铅可通过皮肤、消化道、呼吸道进入人体，主要引发贫血症、神经机能失调和肾损伤。

　　镉污染　镉的毒性很大，可在人体内积蓄，主要积蓄在肾脏中，引起泌尿系统的功能变化；镉能够取代骨中的钙，引发软骨症和自发性骨折，还会引起肝脏功能失调，干扰人体和生物体内含有锌的酶系统，导致血压上升。

汞污染 汞及其化合物属于剧毒物质，可在人体内积蓄。汞在脑组织中积累到一定的量时会对脑组织造成损害，急性汞中毒会诱发肝炎和血尿。

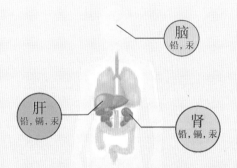

图 6-23 重金属在人体中易积蓄的部位

153

第7章

化学反应的控制

　　化学反应有的很迅猛，如燃料的燃烧、炸药的爆炸；有的较缓慢，如酿酒、钢铁的锈蚀、食物的变质等。但是，化学反应是受一定条件影响的。例如，在空气中加热的条件下，普通钢丝反应缓慢，但如果它被拉成很细的丝，即制成钢丝棉，就易在这种条件下剧烈燃烧（如图 7-1）。在工农业生产中，我们如果控制好化学反应的条件，就不仅可以控制化学反应的速率，还可以促进有利反应的发生，抑制有害物质的生成，提高原料的利用率，让化学反应更好地造福人类。

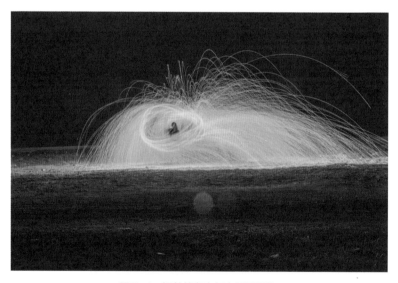

图 7-1　钢丝棉在空气中剧烈燃烧

物质浓度对化学反应的影响

你做过"黑面包"实验吗？如果将蔗糖放在烧杯里，加入几滴水，然后加入浓硫酸，搅拌，烧杯里的白色蔗糖会迅速变黑。用手摸烧杯壁，可以感受到杯壁明显发烫，同时能闻到一股刺激性的气味。随着黑色固体不断膨胀，可形成如图7-2所示现象。

图7-2　蔗糖与浓硫酸的反应实验

本实验中，浓硫酸遇到蔗糖中加入的水迅速放热，致使反应混合物温度升高，同时浓硫酸使蔗糖脱水炭化变黑，并继续与碳反应生成二氧化碳、二氧化硫和水。涉及的化学方程式为：

$$C_{12}H_{22}O_{11} \xrightarrow{\text{浓硫酸}} 12C + 11H_2O$$

$$C + 2H_2SO_4（浓）\xrightarrow{\triangle} CO_2 \uparrow + 2SO_2 \uparrow + 2H_2O$$

我们闻到的刺激性气味是因为生成了二氧化硫。由于气体的产生使生成物具备多孔形态，人们把这个实验形象地称为"黑面包"实验。

硫酸是一种重要的化工原料。你一定知道稀硫酸能与金属锌和铁等反应置换出氢气，具有酸的通性。随着浓度升高，浓硫酸具有与稀硫酸不同的一些特性。例如"黑面包"实验体现了浓硫酸的脱水性和强氧化性。浓硫酸还具有吸水性，可以用作干燥剂。

那么，金属锌和浓硫酸是不是也发生置换反应放出氢气？这就涉及硫酸浓度对化学反应的影响了。稀硫酸中，大量硫酸分子电离成氢离子和硫酸根离子，使其溶液中存在大量的氢离子，突显出其酸性，因此锌和稀硫酸反应放出的是氢气。而浓硫酸中存在的主要是大量的硫酸分子。分子中心的硫原子没有达到"8电子"稳定结构，它夺取电子的趋势极强，所以主要体现出强氧化性。类似地，稀硫酸不会与铜单质发生反应，但浓硫酸会与铜单质发生反应（如图7-3）。物质浓度的变化会引起性质的变化，这可谓量变引起质变。

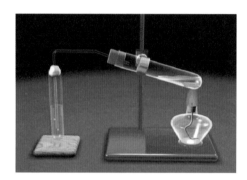

图7-3 铜和浓硫酸加热发生反应

生活中的燃气热水器以燃气作为燃料，通过燃烧燃气的方式将热量传递到流经热交换器的冷水中，从而使水加热。燃气热水器是即热型的，具有出热水快、水温恒定、结水垢少、占地小等优点，是常见的家用电器。以天然气作为燃料的热水器为例，点火加热时发生的化学反应为：

$$CH_4 + 2O_2 \xrightarrow{\text{点燃}} CO_2 + 2H_2O$$

使用燃气热水器时需要氧气助燃，并会产生烟气。当将甲烷和空气的进气量调到合适的比例，才能达到加热的最佳效果。在正常情况下，烟气中的一氧化碳含量是很少的，但如果空气进气量偏少，会发生缺氧燃烧，烟气中的一氧化碳含量会大大增加。

其反应的化学方程式为：

$$2CH_4 + 3O_2 \xrightarrow{\text{点燃}} 2CO + 4H_2O$$

　　热水器如果在通风不良的情况下使用，会使得空气中的氧气越来越少，一氧化碳越来越多。缺氧会使人窒息，一氧化碳会使人中毒。所以，每次使用燃气热水器前都应检查安装热水器的房间，观察其窗子或排气扇是否打开，通风是否良好。这也是燃气热水器的缺点所在。

　　液化气灶（如图 7-4）主要燃烧丙烷（C_3H_8）、丁烷（C_4H_{10}）等，喷嘴改装后可以燃烧甲烷（CH_4）。两种方式燃烧的气体组成不同，所以燃烧所需的空气比例也不同。你能分析改装后燃气灶的空气进风口是调大还是调小吗？

图 7-4　液化气灶

温度、压强对化学反应的影响

　　钻石光彩夺目、璀璨耀眼。你知道钻石的组成元素是什么吗？它的化学成分是碳（C），天然的金刚石经过琢磨后才能称为钻石（如图7-5）。

图7-5　闪亮的钻石

　　在过去，如果有谁说钻石和石墨都是由同一种元素组成的，且可以将石墨变成钻石，人们也许会嘲笑他是痴人说梦。直到化学家开始观察钻石受热后的变化，人们对钻石成分的认识才有所改变。

　　18世纪，拉瓦锡对钻石进行了一系列深入探究。他将钻石不断加热，发现钻石燃烧后什么都没有留下，仿佛彻底消失了。这个实验结果让他大感意外。拉瓦锡是一个非常善于分析的人，他认为这可能是空气参与反应造成的。于是，他想创造一个真空环境来隔绝空气。要知道，在18世纪，要创造一个真空环境实属不易，可拉瓦锡做到了。他在真空中加热钻石，避免了空气的参与。然而钻石受热后的反应让拉瓦锡瞠目结舌——钻石（如图7-6）依然不耐高温，但这次没有消失，而是变成了石墨（如图7-7）。

　　知道这一点后，拉瓦锡和无数的欧洲人便开始寻找逆转的方法，想把石墨变成钻石，但一直没有成功。

160

　　实际上，石墨是可以转变成金刚石的，但条件很苛刻——需要在 5 万至 6 万个大气压及 1000℃～ 2000℃的高温下，再用金属铁、钴、镍等作为催化剂，才可以将石墨转变成金刚石粉末。

　　目前世界上已有十几个国家（包括中国）能够合成金刚石。但这种金刚石颗粒很细，主要用途是做磨料，用作工业切削或地质、石油勘探钻井用的钻头。

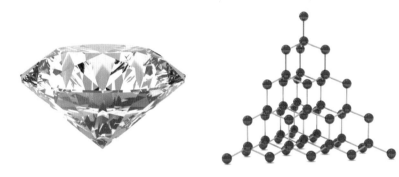

图 7-6　钻石及其结构模型

图 7-7　石墨及其结构模型

　　不过，钻石并非世界上最硬的物质。20 世纪 60 年代，人类发现碳原子还有第三种排列方式，能形成比钻石还硬的物质。这个物质名叫六方晶系陨石钻石（如图 7-8），据说其硬度比钻石高出 58％。最早的样本是在美国亚利桑那州迪亚布洛峡谷的陨石上发现的，高热和巨大的撞击力把石墨变成了六方晶系陨石钻石。

图 7-8　六方晶系陨石钻石

　　从金刚石和石墨的互变中，你体会到温度和压强在化学反应中的神奇力量了吧？

2012 年搞笑诺贝尔奖之和平奖

搞笑诺贝尔奖由美国人马克·亚伯拉罕斯创办，他设立这个奖项，是为了鼓励那些"乍看起来让人发笑，但是随后发人深省"的研究工作。

俄罗斯 SKN 公司曾获 2012 年搞笑诺贝尔和平奖。该公司将老旧弹药中的炸药通过爆炸制作成"纳米钻石"——直径大多为 10 ～ 100 纳米。在这个过程中，他们没有使用石墨，而是把炸药本身的碳变成了钻石。比起高压石墨的制作方法，用弹药制作钻石的好处是不需要外加能源，也不用费时费力地打破石墨自身的晶体结构。

催化剂对化学反应的影响

你或许有过或见过用过氧化氢处理皮肤伤口的经历。打开瓶盖，用棉签蘸少许过氧化氢涂抹到破损的皮肤上，瞬间，接触到这种药水的伤口处，便会泛起许多气泡（如图 7-9），其反应的化学方程式为：

$$2H_2O_2 \xrightarrow{\text{催化剂}} 2H_2O + O_2 \uparrow$$

为什么过氧化氢一接触到破损的皮肤就会快速分解呢？原来人的皮肤里存在能加速过氧化氢分解的物质，我们称这些物质为催化剂。

图7-9　过氧化氢

催化剂可使物质之间的化学反应速率发生改变。在许多反应中，反应物转化为生成物的过程就像徒手翻越一座高山，速率很慢（如图7-10）。而催化剂可以降低反应的能量门槛，促进反应的进行。就好比催化剂打通了一条穿山隧道，使反应物能够更快地发生反应。

图7-10　化学反应无催化剂时好比徒手爬山，有催化剂时好比钻隧道

贵金属催化剂的替代研究　催化剂是化学中的魔术师，在化工等领域发挥着不可替代的作用。但催化剂在使用过程中容易受到环境因素的影响而减弱至失去催化能力。例如，金属催化剂如果缺乏保护，容易被酸腐蚀或被其他物质毒化，从而大大缩短使用寿命。

以氢氧燃料电池为例。该电池是一种因对环境友好而备受青睐的化学能源。它利用氢气和氧气通过氧化还原反应将化学能直接转化为电能，从而给用电器供电（如图7-11）。我们知道氢气和氧气在非点燃条件下反应非常慢，通常认为两者可以共存。同理，在常温下，由于氧气在一般电极材料上还原速度很慢，氢氧燃料电池的工作效率很低，因此必须使用有效的催化剂来提高电池的工作效率。目前用金属铂作为燃料电池的电极催化剂，但铂是稀有的贵金属，价格高，来源不丰富，不利于燃料电池的大规模推广应用。因此，科学家们尝试用廉价的金属催化剂来替代。研究表明，铁是最有希望代替铂作为燃料电池的电极催化剂的金属之一，但铁过于活泼，性能极易在催化过程中下降，甚至完全失去活性。中国科学院大连化学物理研究所包信和院士带领的团队，创造性地给金属铁纳米催化剂穿上了豆荚状的碳纳米管"铠甲"，让铁催化剂像身披铠甲的士兵那样"刀枪不入"，所向披靡。这种方法极大地提高了铁催化剂在燃料电池中的稳定性和抗中毒能力。

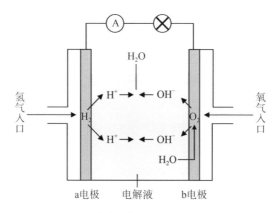

图 7-11　氢氧燃料电池工作原理示意图

链接

催化剂的发现

　　100多年前的一天早晨，瑞典化学家贝采里乌斯（如图7-12）离家去实验室时，妻子玛丽亚再三叮咛："今天是你的生日，晚上宴请亲友，记住下班后早点回来。"贝采里乌斯向妻子点了点头，便去实验室了。

图 7-12　贝采里乌斯

　　贝采里乌斯进了实验室后就完全沉浸在实验中，把晚上生日宴会的事忘得一干二净。直到他的妻子玛丽亚赶来实验室叫他，他才急匆匆地赶回家里。一进门，他的亲戚好友纷纷围过来向他举杯祝贺，贝采里乌斯顾不上洗手就接过酒杯，把斟满的一杯红葡萄酒一饮而尽。当他自己斟满第二杯酒喝时，却皱起眉头说："玛利亚，你怎么把醋当酒给我喝？"玛利亚和客人都愣住了。玛丽亚喝了一口贝采里乌斯手中的酒，发现酒酸得无法下咽。

　　贝采里乌斯仔细检查了酒杯的内外，发现酒杯里有少量黑色粉末。他再看看自己的双手，手指沾满了在实验室研磨铂时沾上的铂粉（又称铂黑）。他兴奋地把那杯酸酒一饮而尽。原来，把酒变成醋酸的魔力来源于铂粉，是它加快了酒精和空气中的氧气间的化学反应，生成了醋酸。后

链接

来，人们把这一作用叫作催化作用，希腊语的意思是"解除束缚"。

不久后，贝采里乌斯在《物理学与化学年鉴》杂志上发表了一篇论文，首次提出化学反应中的"催化"与"催化剂"概念。

神奇的酶

人们对酶的认识起源于生产实践。新石器时代，人们就会利用酵母将果汁和粮食转化成酒，周朝人们能制作饴糖和酱，春秋战国时期人们已经知道可以用酒曲治疗消化不良。不过当时人们还不知道发酵现象中酶的作用。19世纪中叶，法国微生物学家、化学家巴斯德等人提出，酒精发酵是酵母代谢活动的结果。1926年，美国生物化学家萨姆纳第一次从刀豆中提取出结晶脲酶，并通过实验证明脲酶具有蛋白质性质，于是他明确提出：酶的化学成分是蛋白质。这是人类对酶的化学成分认识的第一次飞跃。20世纪30年代，诺斯洛普分离出结晶的胃蛋白酶、胰蛋白酶及胰凝乳蛋白酶，同时证实了这些酶也是蛋白质。在此后的几十年中，人们发现了几千种酶，并确认了这些酶都是蛋白质。当时人们总结认为，具有催化功能的蛋白质叫作"酶"。随着研究的深入，科学家发现，大部分酶的化学成分是蛋白质，还有少数是 RNA 和 DNA。

酶（如图 7-13）是一种生物催化剂。它是维持生命活动正常进行的物质。生物体内含有千百种酶，它们支配着生物新陈代谢过程中众多的催化过程。可以说，与生命活动关系密切的化学反应大多是由酶催化反应的。酶在作为催化剂时，不单是它的某一部分参与反应，也可能是各部分协同作用，这也难怪酶的催化效率高得惊人。大多数的酶可以通过催化使反应速率提高上百万倍。酶催化的反应，与其他化学反应一样，也受温度、压强等因素影响，其中温度影响最显著。一到春天，气温上升，万物复苏，百花齐放，大地一片翠绿，这都是酶在起作用。对化学家来说，要是能搞清楚酶的催化机理，更好地利用酶，那就大大地造福人类了。

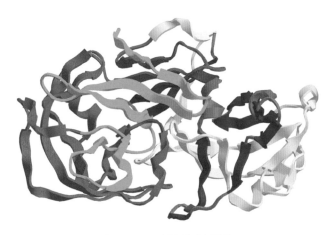

图 7-13　胃蛋白酶分子结构

水果酵素

　　"酵素"一词源于日语，其本质就是酶。"水果酵素"的制作方式是，将水果洗净切成块，混合一定比例的糖和水，装进洗净的容器内，封好口，放上一两个星期，得到的液体就是"水果酵素"了。水果在密封发酵的过程中会产生各种各样的酶，其中有些酶对人体有益，起到助消化等作用，同时，"水果酵素"中含有的丰富的维生素、果酸等营养物质也有利于身体健康。但"水果酵素"的食用也存在潜在风险，如制作"水果酵素"时要加大量的糖，导致其含糖量高，不利于减肥。如果制作时缺少灭菌和消毒环节，沾染的杂菌和致病菌在发酵的过程中也会大量繁殖，饮用后有可能引起腹泻等肠道疾病。

　　其实从营养学的角度来说，新鲜水果洗干净直接吃对身体健康更有益。因为新鲜水果含有丰富的维生素、矿物质和膳食纤维，切开加糖发酵后，很多营养成分要么被破坏，要么流失了。只有直接吃，才能最大限度地吸收水果中的营养。

水果的贮藏

    水果含有丰富的维生素、膳食纤维等，营养价值高。中国营养学会在《中国居民膳食指南（2022）》中建议每天吃 200 ～ 350 克水果。水果几乎成了我们生活中不可缺少的食物。那么，你知道如何贮藏水果吗？

    贮藏水果的目的就是要尽可能地延长水果的贮存期，既要想方设法维持它的正常生命活动，又要控制它进行化学反应的速度，使之尽可能慢一点，避免水果中的营养物质在短时间内被过度消耗。

    对于一切有生命的生物体而言，呼吸是维持其正常生命活动的主要方式。果实被采摘后，维持其正常生命活动的呼吸作用仍在继续。呼吸作用通常表现为有氧呼吸和无氧呼吸两种形式。有氧呼吸是指在有氧气参与情况下，通过酶的催化作用将葡萄糖等有机物氧化为 CO_2 和 H_2O 并释放出能量的过程。化学方程式为：

$$C_6H_{12}O_6 + 6O_2 \xrightarrow{\text{酶}} 6CO_2 + 6H_2O$$

    无氧呼吸又称内呼吸，是在缺氧条件下进行的，由于缺氧，葡萄糖等有机物不是被彻底氧化，而是被分解为各种氧化不完全的产物，如酒精、乙醛、乳酸等。如下是葡萄糖转化为酒精的化学方程式：

$$C_6H_{12}O_6 \xrightarrow{\text{酶}} 2C_2H_5OH + 2CO_2 \uparrow$$

    无氧呼吸不仅消耗更多的葡萄糖，而且其中间产物如酒精、乙醛、乳酸等的过多积累会对果实组织细胞有毒害作用，从而缩短果品的寿命。因此，在水果贮藏时应避免缺氧环境。

化学反应的影响因素主要有浓度、压强、温度、催化剂等。所以，在有氧呼吸反应中，降低氧气的浓度，增加二氧化碳的浓度，降低温度，都可以使反应速度减慢。降低温度可以使酶的活性降低，从而使反应速度减慢（如图7-14）。

图7-14　水果的冷藏保存

食品防腐剂

当面对一种长时间没有变坏的食品，你的第一反应会不会是"一定加了许多防腐剂"？由于食品中含有丰富的营养成分及大量的水分，微生物很容易滋生。而微生物的生长是食品腐败变质的根本原因。食品防腐剂是具有杀灭微生物或抑制微生物繁殖作用的物质，能有效延长食品保质期。那么，你能接受在食品中添加防腐剂吗？

防腐剂的种类很多，大致可分为天然食品防腐剂和化学合成食品防腐剂。它们的防腐原理一般有三种：一是通过破坏微生物的酶，干扰其正常的新陈代谢，从而抑制其活性；二是使组成微生物的蛋白质凝固变性，干扰其生存和繁殖；三是改变微生物的细胞膜渗透性，抑制其体内的酶类和代谢产物的排出，导致微生物失活。总之，防腐剂通过抑制微生物细胞中基础代谢活动及重要生命组成物质的合成，起到阻碍微生物生长的作用。

目前，由于各种化学物质对食品的污染已成为社会性问题，人们对在食品中使用防腐剂开始担忧起来。一般食品工业的产品都要或多或少用到不同种类的食品防腐剂，不使用食品防腐剂很难制造出琳琅满目的美味食品。然而并不是所有食品防腐剂都对人体的健康造成危害，只要使用国家规定的食品防腐剂，并且在规定的剂量范围内使用，食品就是安全的。某一物质对机体是否具有毒性，和这种物质与机体的接触量、接触途径、接触方式及物质本身的性质均有关，但在大多数情况下取决于该物质与机体接触的量。食品防腐剂的使用种类及限用量是经过国际食品添加剂联合专家委员会严格试验和精确计算的，这意味着食品防腐剂的应用是非常慎重的。目前，我国准用的食品防腐剂有 23 个类别，2000 多个品种。让我们来认识几种食品防腐剂吧。

山梨酸及其盐类　山梨酸钾（如图 7-15）为酸性防腐剂，具

有较好的抗菌性能，能
抑制霉菌的生长繁殖。它
能够抑制微生物体内促
进生长的脱氢酶系统的
运行，从而减慢微生物
的生长，起到防腐的作
用。它对细菌、霉菌、酵

图7-15　山梨酸钾

母菌均有抑制作用。它的毒性低，举例来说，允许在包装酱菜中
使用的山梨酸钾最大用量是每千克酱菜 500 毫克。如果某个成年
人的体重是 50 千克，那么他每天最多可以摄入 1250 毫克山梨酸
钾，这相当于 2.5 千克按照国家标准生产的包装酱菜中所含的量。
我们在日常生活中不可能在一天之内吃那么多酱菜，所以不用担
心摄入过量的问题。山梨酸钾是联合国粮食及农业组织和世界卫
生组织向各国重点推荐的低毒高效保鲜防腐剂。山梨酸钾的防腐
效果随pH的升高而减弱，
pH 为 3 时防腐效果最佳，
pH 达到 6 时仍有抑菌能
力，但最低浓度不能低
于 0.2%。在我国，山梨
酸钾被允许用于调味品、
面酱类、饮料、果酱类
等产品的制作中（如图
7-16）。

图7-16　添加山梨酸钾的果酱

二氧化硫　二氧化硫是无机防腐剂中很重要的一个成员。二

氧化硫被用作食品添加剂已有几个世纪的历史，最早的记载是在古罗马用于酒器的消毒。后来，人们将它广泛应用于食品加工中，例如：制造果干、果脯时，会把硫黄点燃，用生成的二氧化硫熏果品以防霉烂；在葡萄酒中添加二氧化硫防腐（如图7-17）；制取亚硫酸盐等二氧化硫缓释剂，用于葡萄等水果的保鲜、贮藏；等等。

图7-17　葡萄酒中添加了二氧化硫作为防腐剂

二氧化硫能在食品中产生多种作用，一方面，二氧化硫可与有色物质作用，对食品进行漂白，使食品"美容"；另一方面，二氧化硫具有还原作用，可以抑制氧化酶的活性，减缓食品被氧化的速度。因此，有人称它为"化妆品式"添加剂。它对保持食品的营养价值和外观都具有重要作用。长期以来，人们一直认为二氧化硫对人体是无害的，但自从贝克等人在 1981 年发现亚硫酸盐可以诱使一部分哮喘病人哮喘复发后，人们开始重新审视二氧化硫的安全性。长期的毒理学研究表明：亚硫酸盐制剂在当前的使用剂量下对多数人是无明显危害的。食物中的亚硫酸盐达到一定剂量后才会引起过敏，即使是很敏感的亚硫酸盐过敏者，也并非对所有用亚硫酸盐处理过的食品过敏。因此，二氧化硫仍是一种较为安全的防腐剂。

天然食品防腐剂　从长远角度看，化学合成食品防腐剂的使用会逐步减少，天然食品防腐剂的使用率有不断上升的趋势。天然食品防腐剂也称天然有机防腐剂，是生物体分泌或者体内存在的具有抑制细菌生长作用的物质，经人工提取或加工而成为食品防腐剂。这类防腐剂是天然物质，有的本身就是食品的成分，故对人体毒性非常小，并能提升食品的风味品质，甚至具有一定的营养价值。因此，这是一类颇有发展前景的食品防腐剂。例如，酒精、有机酸、甲壳素和壳聚糖、茶多酚、果胶、大蒜素等，都能杀灭细菌或抑制细菌的生长，对食品起到一定的防腐保质作用。在中国，人们对植物的防腐功能早有认识。明代著名医学家李时珍就在其巨著《本草纲目》中做了记载，认为可以防腐的植物有桉树叶（如图 7-18）、大蒜、辣椒等。目前，我国正致力于开发天然、营养、多功能、多样化的食品专用防腐剂。

图 7-18　从桉树叶中提取的桉树油

化学反应的"定身术"

神话故事中使对方不能动弹的法术，称为"定身术"。随着现代科学技术的发展，这种"定身术"逐步变成了现实。形形色色的"定身术"越来越神奇，威力越来越强大，它的正式名称叫"非杀伤性技术"。

美国出于保障飞机安全的需要，特地允许大型民航的飞行员佩带泰瑟枪（如图 7-19），这种新式枪能发出非常强烈的脉冲电流，使歹徒手脚发麻，立即失去行动能力。

图 7-19　泰瑟枪

　　在化学反应中，为了分析某一时刻的反应成分或防止某些不必要的反应发生，我们也会使用"定身术"。其化学原理就是对化学反应条件加以控制。例如，将水氯镁石（$MgCl_2 \cdot 6H_2O$）脱水制备无水氯化镁（如图 7-20），再将无水氯化镁电解得到金属镁：

$$MgCl_2 \cdot 6H_2O \xrightarrow{\text{加热}} MgCl_2 + 6H_2O$$
$$MgCl_2 \xrightarrow{\text{通电}} Mg + Cl_2 \uparrow$$

图 7-20　无水氯化镁

　　这是镁制备工艺的主要发展趋势。但在脱水制备无水氯化镁的过程中，得到的氯化镁中会不可避免地含有水分和氧化镁（MgO）。水分和氧化镁的含量是脱水效果的主要技术指标，需要严格地控制和检测。有一种比较科学的检测方法是通过测定氯化镁的含量来体现反应效率。但氯化镁具有极强的吸水性。如果取约 0.2 克无水氯化镁置于室温 30℃、湿度 65％的空气中，氯化镁吸水质量可达原样品质量的 40％以上。研究人员为了控制氯化镁的吸水反应，整个取样过程都在手套箱中的氮气保护下进行，并将无水氯化镁加入无水乙醇中液封，以达到隔离水、防止氯化镁吸水的目的。

化学反应"定身术"有多种实现方法，除了隔离会反应的物质以防止反应外，还可以根据反应发生的条件不同，采取控制反应的温度、调节反应液的酸碱度、选择合适的溶剂等方法来控制反应，使其朝设定的方向进行或立即停止。

甜酒酿制作中的化学反应控制

甜酒酿是我国的一道传统美食，香甜可口，备受人们喜爱。它的制作步骤包括浸泡蒸熟的糯米、冷却并拌入酒曲、控温发酵、加热停止发酵等。

通过糯米发酵来制作甜酒酿是一个化学过程，它涉及的化学反应为：

$$(C_6H_{10}O_5)_n + nH_2O \xrightarrow{\text{酶}} nC_6H_{12}O_6$$

$$C_6H_{12}O_6 \xrightarrow{\text{酶}} 2C_2H_5OH + 2CO_2 \uparrow$$

制作甜酒酿的成败关键就在于化学反应条件的控制：

第一，制作甜酒酿的器具必须干净、无油，温度维持在30℃左右，不能太高也不能太低。这是为了让酒曲酶很好地起到催化反应作用，并防止杂菌的繁殖影响甜酒酿的口感。

第二，须待蒸熟的糯米冷却后再均匀拌入酒曲。冷却是为了防止温度过高杀死酵母，无法发酵；均匀地拌入酒曲，是为了让酒曲酶与糯米充分接触，加快反应速度。

第三，拌好酒曲的糯米要压实，并在中间挖一个洞。洞是用来通气的，让酵母有充足的氧气进行有氧呼吸，产生更多的后代；压实是为了创造无氧环境，让酵母进行无氧呼吸，分解有机物，生成甜酒酿。

氧炔焰的焊接与切割

金属的焊接与切割在制造业中的应用十分广泛，其中有一种焊割技术叫氧炔焰焊割术。它通过利用一种化学有机物——乙炔（C_2H_2）与一定比例的氧气发生的燃烧反应实现对金属的焊接或切割（如图7-21），你了解其中的奥秘吗？

氧炔焰焊接就是利用乙炔气体和氧气在一定条件下发生剧烈

图 7-21　工人利用氧炔焰焊接金属管道

燃烧所产生的大量热量，把焊件的接头和焊条熔化并融合在一起，使其凝固后成为一体的过程。

　　氧炔焰焊接的质量跟乙炔与氧气的比例有关。通过控制氧气与乙炔的比例变化，可得到三种性质的火焰，即中性焰、氧化焰与碳化焰。正常焊接时应使用中性焰（如图 7-22），此时供给的氧气与乙炔气体体积比约为 1 ： 1。产生高温火焰的化学方程式为：

$$2C_2H_2 + 5O_2 \xrightarrow{\text{点燃}} 4CO_2 + 2H_2O$$

　　从上述化学方程式可以看出，控制氧气与乙炔的体积比为 1 ： 1 进行燃烧，是为了创造氧气量不足的环境，可以防止因高温下铁被氧化而影响焊接质量。

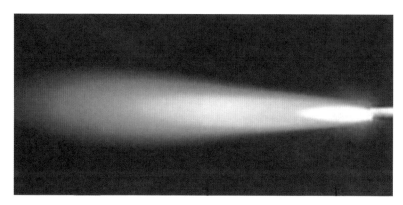

图 7-22　中性焰形状

　　由于中性焰的内焰温度高达 3100℃，而且还原性好，因此焊接都在内焰中进行。焊接时，先把焊件的接头处烧到红热，再将焊条对着焊缝烧化，填到接头处，当它们融合在一起，就可将氧炔焰撤离，待冷却后就焊接成功了。

　　氧炔焰切割也是利用了氧炔焰的中性焰，先把准备切割的钢铁件的切割处烧到红热，然后开大氧气进口阀门，吹入高压纯氧气流，使被切割的钢铁件部分在氧气中剧烈燃烧后生成四氧化三铁，将其熔化成液体，用气流冲掉，从而达到切割目的。切割时氧气与金属反应的化学方程式为（以切割铁为例）：

$$3Fe + 2O_2 \xmapsto{\text{高温}} Fe_3O_4$$

　　对高压氧气流压力大小的控制与切割效果息息相关，如果氧气供给不足，就会切不透；如果压力过大，又将造成氧气的浪费。

第 8 章

绿色可再生化学能源

能源是国民经济发展和人类生活必需的重要物质基础，但在能源推动人类文明进步的同时，其滥用也给地球带来了难以弥补的生态灾难。化学在能源的开发和利用方面扮演着重要的角色，可以说，能源科学发展的每一个重要环节，都与化学息息相关。化学也将成为破解如何使能源变得清洁、高效、可持续利用这一难题的关键。

图 8-1　开发绿色能源，让天空更蓝，环境更优美

氢　能

　　目前，世界能源消费以化石能源为主。其中，中国等少数国家是以煤炭为主，其他大部分国家则以石油和天然气为主。按目前的消耗量和已探知的储量，全世界的石油、天然气最多只能维持不到半个世纪，煤炭也只能维持一两百年。与此同时，温室效应、厄尔尼诺现象、臭氧层空洞、光化学烟雾、酸雨、雾霾等一系列环境问题也日益突出。能源危机和环境污染（如图8-2）使人类警醒，许多国家和地区广泛开展了新能源研究。在众多新能源中，人们发现储藏最丰富、可再生、最有潜力的是氢能。

图8-2　发电厂燃烧煤炭会造成环境污染

　　氢能有两个不同的定义。其一，氢能是氢原子在发生核聚变时所产生的巨大能量。其二，氢能是氢气燃烧所释放的能量。宇宙中的氢能主要是指氢原子核聚变反应释放的光和热。太阳就是通过氢核聚变释放能量的，而地球上的氢能目前一般是指氢气通过燃烧等反应释放的能量，包括其转化生成的热能和电能。随着科学技术的进步，如果核聚变控制技术发展成熟，人类可利用的氢能也可能包含氢核能。

　　近年来，人们大力开发利用的是氢气和氧气反应所产生的能量。该反应的生成物是水，不会对周围环境造成污染。而且，氢气燃点低、燃烧速度快、燃烧爆炸浓度范围广，放出的热量是燃烧相同质量汽油所放出热量的 3 倍，更是酒精和焦炭的 4.8 倍，是一种性能极为优越、资源非常丰富、可持续供应的二次能源。图 8-3 所示的是一款以氢能源为动力的汽车，它能有效减少因使

图 8-3　氢能源汽车

用燃油造成的空气污染问题，也不需要对现有汽车发动机进行大量改装，而且行车距离更远，使用寿命更长。

链接

第五状态氢

氢是人们较为熟悉的一种元素，单质一般以双原子组成气体分子存在。这种元素在地球上分布极广，水、土壤、空气、石油、动植物体内都能找到它的身影。

英国一个研究小组通过高压实验发现，氢存在一种新的物质状态——固体金属氢原子。研究人员将其称为氢的物质形态第五阶段。研究人员推测，第五阶段的氢极有可能是人们寻找了很久的那种完全由氢原子构成的金属氢的前体。金属氢在能源和军事方面有巨大价值。经过近一个世纪的努力，2017 年 1 月 26 日，哈佛大学的科学家们将一块微小的固态氢样品置于 495 千兆帕的高压下（大约相当于 488 万个大气压），终于获得了具有金属性质的金属氢。固体金属氢原子的获得，意味着距离我们真正制出那种高密度、高储能的金属氢材料已不远。

氢气的来源

　　要利用氢能源，首先要解决的是氢气的来源问题。在地球上，氢元素主要以化合物的形式存在。如果将水中的氢元素全部提取出来，它所拥有的总能量比地球上所有化石燃料燃烧放出的热量大 9000 倍。目前世界上制取氢气的技术通常分为两大类：一类是电解水制氢气，需要消耗电能；另一类是以化石燃料——煤、石油、天然气等一次能源为原料，在高温下与水蒸气发生反应制得。我国在化石能源制氢方面位于全球前列，在鄂尔多斯拥有全世界最大的煤制氢工厂，年产氢气 400 万吨。随着科技水平的提高，制氢的技术也在不断发展。

　　天然气制氢　　天然气制氢是指利用天然气蒸汽转化装置制取氢气。该方法以天然气或石油受热分解产生的合成气为原料，通过转化水蒸气得到氢气，副产物是一氧化碳和二氧化碳。

图 8-4　天然气制氢工厂

天然气制氢有两个步骤:第一步是天然气脱硫,在一定的压力和温度下,将原料天然气通过氧化锰、氧化锌等脱硫剂,将其中的有机硫、无机硫脱除。第二步是天然气与水蒸气反应转化为氢气,方法是以水蒸气为氧化剂,在镍催化剂作用下氧化甲烷,生成富含氢气的混合气体。具体的化学方程式为:

$$CH_4 + 2H_2O \xrightarrow[\text{高温}]{\text{催化剂}} CO_2 + 4H_2$$

$$CH_4 + H_2O \xrightarrow[\text{高温}]{\text{催化剂}} CO + 3H_2$$

这两个反应都是吸热的,其热量通过燃烧天然气来提供。

太阳能电解水制氢　电解水制氢气是工业上常用的一种制氢方法。但是,普通的电解制氢法从能量利用的角度而言得不偿失。如果利用太阳能转化的电能来电解水制取氢气,将大大降低

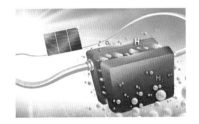

图 8-5　太阳能电解水制氢系统

成本,是开发氢能源的一个重要途径。太阳能电解水制取氢系统如图 8-5 所示。

太阳能电解水制取氢气的过程分为两步。第一步,通过太阳能电池将太阳能转化成电能;第二步,将电能转化成氢能。其电解过程的化学方程式为:

$$2H_2O \xrightarrow{\text{通电}} 2H_2 \uparrow + O_2 \uparrow$$

太阳能电解水制氢是目前应用较广且比较成熟的方法。但目前太阳能电池的光电转化效率还不够高,还不能实现大规模的电解水制氢。

太阳能光解制氢　在太阳光的光谱中,紫外光所提供的能量

达到了分解水的能量要求，若选择适当的催化剂，则可高效制氢。因此，在太阳能利用技术研究中，光解制氢将作为重点（如图8-6）。反应的化学方程式如下：

$$2H_2O \xrightarrow[\text{催化剂}]{\text{光}} 2H_2 \uparrow + O_2 \uparrow$$

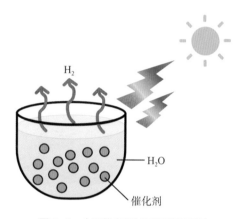

图 8-6　太阳能光解制氢原理示意图

　　美国科技人员最新研发了一种可铺设在屋顶的太阳能制氢系统。它主要由一系列镀有铝和氧化铝的真空管组成，部分真空管中还填充有起催化作用的纳米粒子，该系统的反应物是水和甲醇的混合物。经过太阳照射加温，反应物在催化剂的作用下产生氢气，制成的氢气没有明显杂质。所产生的氢气可以储存起来，也可以经燃料电池转化为电能，这个装置可吸收高达95％的太阳能，极大地提高了太阳能的利用率。

　　要是在阳光充沛的地区的建筑屋顶铺设这种太阳能制氢装置，能满足整个建筑在冬季的生活用电需求。而在夏季，屋顶太阳能制氢装置产生的电力甚至还能出现富余，可以出售给电网公司。

链接

人工树叶制氢

据国外媒体报道，科学家研发出了一款实用的人工树叶。该树叶模拟绿色植物的光合作用过程，在不太昂贵的镍铂锌化合物催化作用下，把水和阳光转化成能量。这款人工树叶含有一个太阳光收集器，夹在两片薄膜之间。将人工树叶浸入水中，在阳光的照射下，它就会在两片薄膜上生成氧气和氢气，产生的气体可用于燃料电池发电。这一科研成果对生产可持续能源具有里程碑意义。

生物制氢 生物制氢就是利用某些微生物代谢过程制取氢气的一项生物工程技术，根据产生氢气的生物种类不同，该技术又分为光合生物制氢和非光合生物制氢两类。

光合生物制氢是利用光合生物，直接把太阳能转化为氢能的技术（如图8-7）。能够产生氢气的光合生物主要为光合细菌和微藻。它们的特性和产生氢气的原理各不相同。光合细菌的

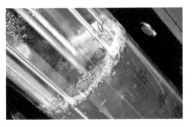

图8-7 生物反应器中蓝细菌自然产氢

产氢机制与严格厌氧细菌相似，在光照厌氧条件下或黑暗条件下都可产生氢气；微藻则是通过光合作用系统和特有的酶，把水分解为氢气和氧气的。光合生物制氢气的效率总体比较低，科技人员正在

努力提高它们的光能转化效率，增强其产生氢气的能力，以达到工业化生产的要求。

非光合生物制氢是指利用厌氧细菌或固氮菌，降解大分子有机物从而产生氢气的技术。能够产生氢气的非光合生物有严格厌氧细菌、兼性厌氧细菌、好氧细菌、古细菌类群等。这类生物的本领是能把有

图 8-8 　印第安纳大学研究员用中空病毒纳米颗粒来隔离产氢酶，从而生产氢气

机物中的纤维素、淀粉等可再生能源物质进行分解并产生氢气。

生物制氢提供了解决能源问题的新途径。它既可以有效地处理废弃物、充分利用资源，又可提供新能源。这种制氢方法已受到越来越多的关注。

链接

一种未来的家用电器

也许在不久的将来，每户人家都会有一台冰箱大小的新"家电"，它就是微生物电解池（如图 8-9）。这台新"家电"很特别，它只需要很少的电能，主要用生物制氢方法制得氢气，获得

图 8-9 　微生物电解池示意装置

家庭所需要的能源。这台机器的使用方式很特别，只要将生活污水灌进去，经过处理后，三口之家一天所需的燃气就出来了，可以用来做饭、炒菜、烧热水，而污水则变成了干净的水，可以安全地排放到下水道。

哈尔滨工业大学市政环境工程学院的生物制氢科研团队已经把微生物电解池模型制造出来了。该团队通过微生物电解池技术，利用一种存在于生活污水中的耐寒产电细菌，实现了在4℃低温下的生物制氢，从而攻克了低温制氢的难题，使生物制氢适用的温度范围大大拓宽，实用性更好。

氢能的用武之地

高效清洁的氢能源在当前情况下可用于多个方面。例如，氢可以发生燃烧反应放出大量的热能来推动机械设备做功；液氢可作为火箭运行的推进剂，还可以作为一种原料用在燃料电池上。有专家预测，21世纪将是氢能的世纪。

氢燃料电池汽车 1976年，美国成功研制出世界上第一辆以氢能为动力的汽车。我国则于 1980 年成功研制出国内第一辆氢能汽车，贮存氢燃料 90 千克，可乘坐 12 人。以氢燃料电池为动力的汽车，即使在低温条件下也很容易发动，不仅燃料转化彻底干净，而且对发动机的腐蚀作用小，有利于延长发动机的寿命。

2008 年，我国制造的氢燃料电池汽车展出，其最高时速可达 150 千米。2010 年上海世博会，有 40 多辆氢燃料电池汽车作为大会公用车辆使用。2022 年北京冬奥会运行着超过

图 8-10　北京冬奥会氢能源汽车

1000 辆国产氢能源汽车（如图 8-10），配备了 30 多个加氢站。

氢燃料电池用氢作为能源，能够真正实现零排放。此外，氢燃料电池汽车在续航里程和充电时间方面有着独特的优势。尤其在充电时间方面，氢燃料电池汽车可直接消除用户对电动车充电时间过长的担忧，3 至 5 分钟即可实现燃料补给。

氢动力飞机　航空飞行产生的尾气，是地球上增长速度最快的污染源。如今人们推崇绿色能源，飞机是否也该换个飞法？

据美国网站报道，美国空军曾要求设计一款侦察机：能够飞到 1.96 万米的高空，续航时长可达一周；可携带 1 吨重的感应器和计算机；最高时速可以达到 270 千米，巡航速度接近 200 千米 / 时。波音公司接受了这一挑战，在重新研究过去的设计理念的基础上，结合最新的技术，于 2010 年制造出名为"鬼眼"的样机（如图 8-11）。

"鬼眼"是一种双引擎飞机，翼展 46 米，有效载荷 204 千克，

图 8-11　波音氢动力"鬼眼"侦察机

两个发动机使用的燃料是液氢。由于氢燃料的效率是普通飞机燃料的 3 倍，因此，全尺寸"鬼眼"能够一次飞行 4 天。在 1.9 万米的高度上，这种飞机不受天气影响，侦察能力远优于"全球鹰"无人侦察机。

　　液态的氢既可以用作汽车、飞机的燃料，也可以用作火箭、导弹的燃料。美国发射的"阿波罗"系列宇宙飞船以及我国用来发射人造卫星和载人飞船的"长征"系列运载火箭，都是用液态的氢作为燃料的。

　　氢能作为未来社会极其重要的能源，要实现进入百姓的家庭，还有一段科技之路要走。目前，氢的价格过于昂贵，氢的储存和运输安全难题还有待克服。但我们坚信，以氢为主要能源的时代已不再遥远。

无处不在的生物质

　　说到生物质，你会联想到什么？植物？动物？从广义上讲，生物质主要指有机体，这种有机体是直接或间接通过植物的光合作用形成的，包括世界上所有的动物、植物和微生物，也包括这些生物的排泄物和代谢物（如图8-12）。

图 8-12　森林是重要的生物质资源

　　植物利用二氧化碳、水和阳光，通过光合作用产生可再生和循环的有机物质，即上述所说的生物质。当生物质被消耗利用时，最终产物又是二氧化碳和水。可见，利用生物质，可以实现温室气体——二氧化碳的循环利用，减少了二氧化碳的排放。因此，生物质能源具备常规能源与新能源的特点和优势，是人类最主要的可再生能源之一。

地球上蕴藏的生物质资源相当丰富，每年通过光合作用生成的生物质总量为 1440 亿～ 1800 亿吨，其中海洋年生产 500 亿吨。生物质能源的年生产量远远超过全世界能源总需求量，相当于现在世界能源消费总量的 10 倍。生物质资源不但数量庞大，而且种类繁多，形态多样。

木柴和林业废弃物（如图 8-13）是以纤维素为主体的生物质材料，曾经是人类生存和发展过程中利用的主要能源，目前仍是许多发展中国家的重要能源。

图 8-13 林业废弃物——废木材

农业废弃物如农作物秸秆（如图 8-14）是常见的农业生物质资源。每 2 吨秸秆燃烧产生的能量相当于燃烧 1 吨煤产生的能量。它的平均含硫量只有 0.38％，而煤的含硫量约为 1％。

图 8-14 农业废弃物——农作物秸秆

藻类、浮萍等水生植物是未被充分利用的生物质材料。由于水体富营养化（如图 8-15），大量水生植物滋生。如果能有效结合水体的治理，大规模

图 8-15 水体富营养化

收集水生植物，并将其转化为沼气等可再利用的能源，将会产生良好的经济效益。

城市污水含有较多的有机物，如淀粉、蛋白质、油脂等，以及氮、磷等无机物。此外，城市污水还含有病原微生物和较多的悬浮物。借助发酵技术处理，城市污水可以作为生产液态生物质能源的原料，人们可以在治理废水的同时获得可利用的生物质能（如图8-16）。

图 8-16　城市污水处理

生物质固体成型燃料　生物质固体成型燃料是人们模拟天然煤的形成过程，将农作物的秸秆、树枝等生物质经干燥和粉碎后，在一定温度与压力作用下压制成的具有一定形状的、密度较大的具有天然煤一样品质的燃料（如图8-17）。

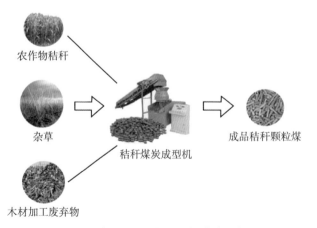

农作物秸秆

杂草

木材加工废弃物

秸秆煤炭成型机

成品秸秆颗粒煤

图 8-17　生物质固体成型燃料颗粒生产流程

生物质固体成型燃料分为棒状、块状或颗粒状（如图 8-18），密度可达到 0.8 ～ 1.4 克 / 立方厘米，每千克燃烧产生的热量约 16720 千焦。它的性能优于木材，可充分燃烧，火

图 8-18　生物质固体成型燃料颗粒在燃烧

力旺，烟少不飞灰，氮、硫氧化物含量低，而且便于储存和运输，可用于替代煤炭，在锅炉中直接燃烧发电或供热，也可以用作农村地区的基本生活能源。

石油树

我国经济发展步伐的加快，导致柴油的供应量面临不足。我们知道，汽油和柴油都是从石油中提炼出来的，随着石油的不断开采和利用，石油资源将渐渐枯竭。于是，科学家将目光投向了植物世界。

目前，美国已培育出一种"石油树"，它的乳液含有的烃类与天然石油原油中的相似，经过加工脱水、炼制后，可以得到汽油、航空煤油等。我们国家也有大量的油料作物，如麻风树、油桐树、

黄连木、油皮树等（如图8-19），其中麻风树是世界公认的生物能源树。

麻风树　　　　　　　　　　黄连木

油桐树　　　　　　　　　　油皮树

图8-19　我国目前主要的油料作物

中国科学院的科学家研究小组改良了天然麻风树，培育出名为皱叶黑膏桐的新品种（如图8-20），是国际上颇具竞争力的生物柴油植物。它的叶片为墨绿色，光泽感佳，叶脉凹陷，叶肉隆

图8-20　含油率极高的皱叶黑膏桐

起，叶冠开阔，枝条柔软，种子含油率达到41.4%，种仁含油量为50%～60%。

麻风树还被专家誉为"黄金树"。它的全身都是宝，是集生物农药、生物医药、生物燃油、生物肥料、化工原料、油料、水土保持等功能于一体的植物。

那么，生物柴油的主要成分是什么呢？生物柴油又称高级脂肪酸甲酯。柴油分子是由约15个碳原子组成的烃类，而植物油分子中的脂肪酸一般由14～18个碳原子组成，与柴油分子的碳原子数相近。生产生物柴油的原理是，将从植物中提取的植物油在催化剂作用下与甲醇反应，生成与柴油分子碳原子数相近的甲醇酯，即可替代柴油使用。反应的化学方程式如下：

$$
\begin{array}{l}
R_1COOCH_2 \\
| \\
R_2COOCH + 3CH_3OH \rightarrow R_1COOCH_3 + R_2COOCH_3 + R_3COOCH_3 + \\
| \\
R_3COOCH_2
\end{array}
\quad
\begin{array}{l}
HOCH_2 \\
\diagup \\
HOCH \\
\diagdown \\
HOCH_2
\end{array}
$$

　　　油脂　　　　甲醇　　　　　　　高级脂肪酸甲醇酯　　　　　甘油

式中的 R_1、R_2、R_3 可以相同，也可以不同，均为高级脂肪酸的烃基。

鲁道夫·狄赛尔在最初发明柴油发动机的时候，就设想用植物油作为柴油发动机燃料。随着20世纪70年代和90年代出现的两次石油危机，这一设想在世界许多国家变成了现实。生物柴油直接应用于柴油发动机，不但有利于缓解能源问题，而且体现了出色的环境友好性。

用地沟油生产生物柴油

　　地沟油是各类劣质油的统称，一般包括从餐饮店下水道中回收的油脂、煎炸废油、食品及相关企业产生的废弃油脂等，长期食用可能引发癌症，对人体的危害极大。地沟油最早是用来生产肥皂或皂液的。随着能源价格的不断上涨，地沟油成了生产生物柴油的廉价原料。2012年，中国石化集团开始研究以地沟油为原料提炼航空油（如图8-21）的方法，并于2022年开始规模化生产。或许有一天，生物柴油能够替代石油，解决人类面对的能源短缺问题。

图 8-21　以地沟油为原料提炼的航空生物油料

产油微生物

你知道吗？微生物也能产油，它将是具有广阔应用前景的新型油脂资源，在未来的生物柴油产业中发挥重要的作用。有专家认为，微藻（如图8-22）的能源化利用，有望成为"后石油时代"中破解能源危机的一把钥匙。

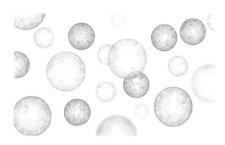

图 8-22　显微镜下的微藻

全世界有几万种微藻，它们处于海洋食物链的最底端，是大多数海洋生物幼体阶段营养最丰富的饵料。利用微藻制油，2010年上海世博会期间，这项技术成果在中国馆内展出，引起了全世界的关注。

微藻指的是一些需要借助显微镜才能观察到的藻类群体。绿藻、小球藻、螺旋藻等都属于微藻（如图8-23）。微藻的培育不占用耕地，只需有水资源和阳光。海边和有水的盐碱地都可以成为"微藻油田"。微藻的生长周期很短，从到可以制油只

图 8-23　培养基中的微藻

需两周左右的时间。不仅如此，微藻的单位产油量很高，在一年的生长期内，每公顷玉米能产 172 升生物质燃油，大豆能产 446 升，油菜籽能产 1190 升，棕榈树能产 5950 升，而微藻能生产出 95000 升的生物质燃油。随着全球温室效应的加剧，微藻的另一个功能也得到了青睐，那就是它在生长过程中会吸收大量二氧化碳。据计算，每培养 1 吨微藻，需要消耗约 2 吨二氧化碳，可起到固碳减排的作用。

　　令人欣喜的是，使用纯藻类生物燃料（如图 8-24）的"绿色飞机"已由欧洲航空防务航天公司研发升空。废气排放检测数据显示，使用海藻燃料时排放的氮氧化物比传统航空煤油少 40%，比碳氢化合物少 87.5%，且生成的硫化物更低，其浓度仅为传统燃料的六十分之一。更重要的是，以海藻为代表的第二代生物燃料与现有飞机的兼容性非常好。作为"普适性"燃料，它既能和传统的航空煤油混合，也可完全代替传统的航空煤油，直接为飞机提供能量。

图 8-24　实验室中的藻类燃料

糖生物电池

糖带给人的是甜蜜的感觉。美国科学家的最新研究显示，糖还可作为一种性能优越的生物燃料电池的原料，将自身含有的化学能转化为电能，服务于我们生活的方方面面（如图 8-25 ）。

图 8-25　可用于生物质发电的糖

科学研究表明，糖生物电池的能量密度大约是596瓦时/千克，即每千克该材料可在供电电流为 596 安时不间断工作 1 小时。相比之下，锂离子电池的能量密度约为 300 瓦时 / 千克。这意味着糖生物电池比质量相等的现有锂离子电池持续使用时间更长。

糖生物电池是一种酶燃料电池（EFC），是一种生物化学发电设备，能够将葡萄糖、淀粉等糖类物质中的化学能转化为电能（如图 8-26 ）。同时，酶燃料电池的工作原理与传统燃料电池相同，而用酶代替贵金属催化剂，降低了成本及对燃料的要求，使工作性能大大提高。此外，在接近完全氧化的情况下，每个葡萄糖分子可释放 24 个电子，而传统燃料电池中使用的氢分子在氧化作用下只释放 2 个电子。采用葡萄糖酶催化燃料电池可获得更强的能量密度。

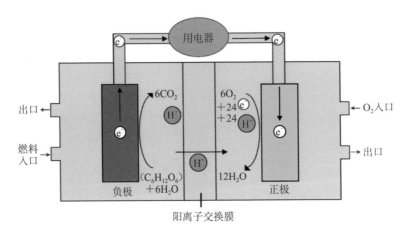

图 8-26　糖生物燃料电池工作原理

废水发电

　　废水中富含的有机物可用作燃料，因此，科学家设想用微生物来分解有机物，从而产生电力，制作"微生物燃料电池"，并将其作为新的可再生能源。微生物燃料电池的研究始于 20 世纪 70 年代。工厂和家庭排出的废水中富含大量的有机物，可以在净化废水的同时实现发电。

　　在日本，科学家利用广泛存在于土壤里的微生物——地杆菌（如图 8-27），让其在廉价的金属电极表面繁殖，之后通过提高装置的密闭性来提高发电效率。在可处理 1 升废水的小型装置中进行的实验结果表明，由微生物所发电能的40%得到了回收。

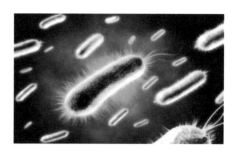

图8-27　地杆菌

东京工业大学的大竹尚登教授成功开发出能够高效发电的系统。具体做法为：在布满碳纳米管的网上繁殖面包酵母，然后让酵母分解有机物，从而提升发电效率。据称，在布满纳米管的网上，微生物无法逃逸，发电效率得以提高10倍以上。

链接

神奇的大黄蜂

以色列科学家发现，北方大黄蜂有收集太阳能并将其转化为电能的能力（如图8-28）。它类似皮肤的外骨骼层黄色组织中的色素可以捕获太阳

图8-28　腰缠"太阳能电池"的大黄蜂

能，而它的褐色组织中的色素可以产生电能，从而构成"太阳能电池"。科学家还发现，大黄蜂身体中还有一个类似热泵的系统，使它即使在阳光直晒时也能保持体温比外界温度略低。